Sunday Emmanuel Olajide
Mohd Lizam

Questões relacionadas com os desafios de segurança dos bairros residenciais

Sunday Emmanuel Olajide
Mohd Lizam

Questões relacionadas com os desafios de segurança dos bairros residenciais

ScienciaScripts

Imprint

Any brand names and product names mentioned in this book are subject to trademark, brand or patent protection and are trademarks or registered trademarks of their respective holders. The use of brand names, product names, common names, trade names, product descriptions etc. even without a particular marking in this work is in no way to be construed to mean that such names may be regarded as unrestricted in respect of trademark and brand protection legislation and could thus be used by anyone.

Cover image: www.ingimage.com

This book is a translation from the original published under ISBN 978-3-330-35169-1.

Publisher:
Sciencia Scripts
is a trademark of
Dodo Books Indian Ocean Ltd. and OmniScriptum S.R.L publishing group

120 High Road, East Finchley, London, N2 9ED, United Kingdom
Str. Armeneasca 28/1, office 1, Chisinau MD-2012, Republic of Moldova, Europe
Printed at: see last page
ISBN: 978-620-7-62235-1

ÍNDICE

Capítulo 1
CRIMINALIDADE EM BAIRROS RESIDENCIAIS

1.1 Introdução geral

Na hierarquia das necessidades humanas, a habitação é geralmente classificada a seguir à alimentação. Isto explica porque é que a questão da habitação é geralmente levada a sério tanto pelos indivíduos como pelos governos. A teoria social acredita que toda a gente precisa de ser alojada adequadamente, pois isso tem muito a ver com a eficiência do trabalho, que mais tarde se transforma na prosperidade da economia de um país ou não (Agunbiade, 2012). Aparentemente, a habitação preenche três funções necessárias ao ser humano, a saber: funções físicas, psicológicas e sociais. As necessidades físicas são satisfeitas através do fornecimento de segurança e abrigo. Satisfaz as necessidades psicológicas, proporcionando uma sensação de espaço pessoal e de isolamento. Satisfaz as necessidades sociais, proporcionando uma área de reunião e um espaço comum para a família humana, a unidade básica da sociedade. Em muitas sociedades, também satisfaz necessidades económicas, funcionando como um centro de produção comercial, o que é demonstrado pela interação do mercado da habitação, que exige uma colaboração entre o vendedor/proprietário e o comprador/locatário, com a ajuda do agente imobiliário, que actua como um facilitador. Não admira que, tendo em conta a relevância da habitação para a humanidade, Thiele (2002) tenha considerado o direito humano à habitação como um instrumento de promoção e preservação da saúde individual e comunitária. A habitação, no entanto, vai para além do edifício físico, mas também transcende todas as características ambientais que tornarão o edifício habitável e sustentável. Entre estas, destaca-se a segurança física das vidas e da riqueza, que é vista como um fator de desafio à sustentabilidade dos bairros residenciais (Hirschfield *et al.*, 2014; Mohit e Elsawahli, 2010; Rabe e Taylor, 2010)

De um modo geral, os proprietários de casas, bem como os seus ocupantes, estão normalmente sujeitos a várias formas de insegurança, que vão desde as catástrofes naturais (inundações, terramotos, furacões, deslizamentos de terras e tsunamis, entre outros) até à ansiedade provocada pelo homem, que constitui principalmente crimes violentos e contra a propriedade. Essencialmente, o crime urbano e o medo do mesmo situam-se numa cultura de violência (Louw, Robertshaw, & Mtani, 2001). A nível internacional, as taxas de criminalidade urbana estão a aumentar, particularmente nas cidades dos países desenvolvidos e em desenvolvimento (Gibbon, 2004; Agbola, 1997; Cohen, 1991). O medo do crime está frequentemente associado ao receio da segurança pessoal, especialmente quando se está sozinho e à noite. O medo do crime pode afastar os residentes das ruas e de outras áreas públicas. Pode também criar uma barreira à participação na vida pública das cidades (Wekerle e Whitzman, 1995). Louw, *et. al.* (2001) reconheceu, entre outros, que os factores ambientais físicos resultantes de uma conceção e gestão urbanas deficientes do processo de urbanização, a insuficiência de serviços urbanos e a não incorporação de questões relacionadas com a segurança nas políticas de gestão urbana são factores que contribuem para o aumento da criminalidade urbana.

Os estudos indicam também que a taxa de criminalidade num determinado bairro é capaz de influenciar os valores ou preços dos imóveis, o que, na maioria das vezes, se traduz num desincentivo ao investimento imobiliário (Boggess, *et al.*, 2013; Valez, *et al.*, 2012; Pope, 2008). Os investigadores partem do pressuposto de que os compradores estão dispostos a pagar mais para viver em bairros com taxas de criminalidade mais baixas ou, em alternativa, que o comprador espera descontos para comprar casas em bairros com taxas de criminalidade mais elevadas. Para além do comprador e do vendedor, outros intervenientes nas transacções de habitação podem desempenhar um papel na concretização destes impactos económicos (Pope & Pope, 2012; Taylor, 1995). As preocupações com a criminalidade, talvez estimuladas em parte pela criminalidade efectiva, são capazes de influenciar os juízos de valor dos imóveis feitos por avaliadores, agentes imobiliários e credores. Os valores mais baixos das casas em locais onde a criminalidade é mais elevada podem também traduzir-se em menores receitas de impostos sobre a propriedade, corroendo ainda mais a base económica da comunidade (Pope & Pope, 2012; Tita, Petras & Greenbaum, 2006; Taylor, 1995).

Não há dúvida de que a criminalidade conduz à perda de vidas e à destruição de bens, bem como a um medo avassalador de insegurança. A maioria dos países do mundo está, por conseguinte, a procurar formas adicionais de combater a onda crescente e a dificuldade cada vez maior da criminalidade urbana. Um inquérito realizado em 1990 pelas Nações Unidas revelou que, enquanto a maioria dos países do mundo desenvolvido consagra, em média, entre 2 e 3% dos seus orçamentos anuais ao controlo da criminalidade, os países do mundo em desenvolvimento gastam, em média, entre 9 e 14%. A Nigéria não é exceção a esta situação. Essencialmente, a Nigéria assistiu a um aumento dos crimes durante as últimas três décadas (Alemika, & Chukwuma, 2005; Agbola, 1997). O aumento da incidência de assaltos à mão armada conduziu a um medo paralisante que, por sua vez, afectou a vida económica e social do país. Ibadan, uma das principais cidades da Nigéria (sede da extinta região ocidental da Nigéria), que era conhecida pelo seu ambiente seguro e protegido, tem vindo a registar nos últimos anos um nível desproporcionado de criminalidade devido à elevada densidade populacional (Adigun & Afolabi, 2013; Fabiyi, 2004). Os investigadores também afirmaram que a criminalidade na vizinhança é capaz de influenciar negativamente o investimento imobiliário na Nigéria (Bello, 2011, Ajibola, *et al.*, 2011). E, apesar do problema da criminalidade no país, os sucessivos governos nigerianos confiam sobretudo no esforço da polícia, na construção de tribunais e prisões, ignorando ainda os vastos conceitos e abordagens modernos do controlo da criminalidade. Para colmatar esta lacuna, tendo em conta os seus efeitos devastadores, este estudo tem como objetivo avaliar o nível de criminalidade nos bairros residenciais do sudoeste da Nigéria, com vista a propor um quadro para a criminalidade nos bairros residenciais, a fim de melhorar o investimento imobiliário, em particular, e melhorar a qualidade de vida, bem como garantir a sustentabilidade dos bairros residenciais em geral.

1.2 QUESTÕES-CHAVE

A nível mundial, diz-se que a criminalidade urbana está a aumentar devido à urbanização desenfreada e ao advento da industrialização (Gibbon, 2004). No entanto, os bairros residenciais têm sido vistos como sendo mais negativamente afectados pelo crime contra a propriedade, que também é chamado de crime de bairro residencial, nas formas de roubo, furto, vandalismo, furto, agressão, roubo, violação e até mesmo homicídio (Boessen & Chamberlain, 2017). Isto deve-se ao facto de os objectos de valor serem guardados em casa e de os residentes, na maior parte do dia e da semana (com exceção dos lares de reformados), terem de deixar as suas casas vazias para irem para os locais de trabalho, escolas, recreio e locais de culto, entre outros, tornando assim as suas casas alvo de ataques por parte de potenciais criminosos (Olajide & Lizam, 2016). Intuitivamente, crimes como a violação e o homicídio são perceptíveis em bairros residenciais devido à importante função de servir de alojamento após as actividades do dia.

A criminalidade contra a propriedade, especialmente no contexto urbano, tornou-se globalmente um tema de discussão entre urbanistas, agentes imobiliários, decisores políticos, investigadores, organizações internacionais responsáveis pela sustentabilidade ambiental e outros profissionais afins (Cohen, 1990). Isto deve-se ao efeito avassalador que tem em quase todos os sectores da economia. Essencialmente, as consequências dos crimes contra o património são transversais aos residentes, à vizinhança e ao governo. Para os residentes, os crimes contra a propriedade têm um efeito psicológico de medo que, segundo estudos, causa danos à saúde dos residentes (Cozens, 2015). Os estudos revelam também que a criminalidade imobiliária aumenta desnecessariamente o orçamento familiar devido à necessidade de fornecer dispositivos de segurança ao edifício

(Gibbon, 2004). Além disso, a criminalidade contra a propriedade, especialmente no domínio da criminalidade violenta, como o assalto à mão armada, tem frequentemente resultado na perda de vidas e numa menor produtividade (Gibbon, 2004).

Considerando a incidência da criminalidade imobiliária no bairro residencial, verificou-se que esta tem uma influência negativa no investimento e no valor das propriedades (Lynch & Rasmussen, 2001). Este facto é revelado através da mobilidade residencial negativa, do declínio do bairro devido à estigmatização, do impacto negativo na sustentabilidade ambiental e na prática imobiliária em geral. O efeito da criminalidade imobiliária nas actividades governamentais inclui a diminuição das receitas provenientes do imposto predial, o efeito da incivilidade na governação, o aumento do orçamento governamental na aquisição e manutenção do policiamento comunitário e o seu efeito negativo na economia geral (Pope & Pope, 2012; Gibbon, 2004).

Reconhecendo os incidentes acima referidos de crimes contra a propriedade no meio urbano, foram envidados esforços tanto nos países desenvolvidos como nos emergentes e em vias de desenvolvimento para criar estratégias sustentáveis que contrariem a taxa alarmante da tendência crescente de crimes contra a propriedade. No entanto, os estudos mostram que, enquanto os países desenvolvidos e emergentes estão a renovar os seus esforços através de técnicas modernas para travar a ameaça, a maioria dos países em desenvolvimento, como a Nigéria, continua a basear-se principalmente no sistema penal (utilização da polícia, do tribunal e da prisão), que os investigadores consideraram obviamente inadequado (Cozens & Love, 2015; Sutton, *et al.*, 2013, Clarke, 1980).

O aumento da taxa de criminalidade na Nigéria foi noticiado logo nos anos oitenta (Times International, Londres: 4 de novembro de 1985; Fabiyi, 2006). As vidas já não eram seguras; o país estava marcado por desafios de insegurança colocados pelos criminosos. Essencialmente, a urbanização e o desenvolvimento das grandes cidades não eram uma novidade na Nigéria, mas o aumento da criminalidade é que é relativamente novo. De facto, há mais de um século que a Nigéria tem vindo a desenvolver grandes cidades, mas a verdade é que a insegurança, em particular a provocada pelos criminosos, é relativamente recente. A onda de crimes e a extensão da violência na Nigéria estão a tornar-se mais recorrentes, mais violentas e terríveis. Há relatos diários de mais crimes violentos (Fabiyi, 2004; Agbola, 1997).

O aumento imprevisto da insegurança urbana está ligado à pobreza severa que se tornou profundamente enraizada na maioria dos centros urbanos de muitas nações africanas. A população em situação de pobreza tem vindo a aumentar progressivamente na Nigéria, por exemplo, em 1985, 27,2% dos nigerianos eram considerados pobres; em 1990, eram 56%; em 2000, eram cerca de 66% e, em 2014, a Nigéria foi classificada como o terceiro país mais pobre do mundo (Instituto Federal de Estatística da Nigéria, 1999; Banco Mundial, 1999; 2000; e 2014). Tanto a insegurança como a pobreza funcionam de forma interdependente para tornar a vida na maioria das cidades urbanas nigerianas muito penosa e relativamente incómoda. Fabiyi (2004) também descobriu que outra das principais causas do aumento da onda de criminalidade na Nigéria foi a guerra civil de 1966/1970, opinando que a guerra civil ensinou os nigerianos a matarem-se impunemente, a terem pouca consideração pela vida humana e a sentirem prazer em derramar sangue. O aparelho oficial de segurança na Nigéria não consegue controlar os problemas de segurança no país. Esta situação deve-se, em primeiro lugar, a instalações inadequadas para combater eficazmente a criminalidade e ao nível de pobreza que provocou uma corrupção descontrolada nos sistemas de segurança (Fabiyi, 2004; Onibokun, 2003; Agbola, 1997).

Embora pareça haver uma escassez de investigação académica sobre o impacto da criminalidade de vizinhança no investimento imobiliário na Nigéria, no entanto, os poucos estudos identificáveis, tal como expostos no ponto 2.3 (Bello, 2011; Gambo, 2015; Ajibola, *et al.*, 2011), estabeleceram o facto de a criminalidade de vizinhança poder ter um impacto negativo no valor dos imóveis (investimento). Abidoye & Chan (2016) identificaram a criminalidade na vizinhança como um dos principais factores determinantes do valor dos imóveis residenciais em Lagos, na Nigéria.

Numa outra perspetiva, Ajibola, *et.al.* (2012) avaliaram os efeitos do planeamento urbano nos valores dos imóveis residenciais, com especial incidência em Agege, Lagos, comparando casas construídas em zonas planeadas (New Oko-Oba, GRA) e não planeadas (Orile-Agege). O estudo revelou que existe um nível significativo de diferença nos valores dos imóveis residenciais entre as zonas residenciais planeadas e não planeadas. Foi ainda revelado que existe uma relação estatisticamente significativa entre o planeamento da utilização do solo e o valor dos imóveis. Tendo observado o estado deplorável da conceção ambiental da maioria dos bairros residenciais em Lagos, em particular, e na Nigéria, em geral, o estudo recomenda que o governo assegure o planeamento da utilização do solo, a fim de melhorar o valor das propriedades e o investimento na habitação.

Olufolabo, Akintande & Ekum (2015) reconheceram dezoito (18) grandes grupos de crimes relacionados com os centros urbanos nigerianos; postularam que o departamento de polícia destacou o roubo/furto/arrombamento como o crime mais cometido na maioria das cidades. Além disso, mencionaram o analfabetismo, os lares desfeitos, as más companhias, o ambiente poroso e o fracasso da polícia e de outras autoridades judiciais na gestão da justiça como as principais razões da criminalidade urbana residencial.

Assim, do que precede, pode inferir-se que as questões relacionadas com a criminalidade nos bairros residenciais na Nigéria exigem uma atenção urgente. A utilização da conceção ambiental e do desenvolvimento social tem sido testada de várias formas nos países desenvolvidos como técnicas potentes de prevenção da criminalidade de bairro. Por conseguinte, esta investigação tenta testar a conveniência do conceito, propondo um modelo de factores de conceção socioambiental (SEDeF) para a criminalidade de bairro residencial, com vista a melhorar o investimento imobiliário. A filosofia básica da investigação é a de que, se o programa de desenvolvimento social, bem como a conceção/design ambiental adequados, forem capazes de travar a criminalidade na vizinhança, por extensão, o investimento na habitação será impulsionado através da melhoria do valor das propriedades, tal como é apoiado pela literatura relacionada.

Capítulo 2

CONSEQUÊNCIAS DA
CRIMINALIDADE EM BAIRROS RESIDENCIAIS

Resumo

As reacções do governo, do público, dos investigadores e dos profissionais poderiam ter sido impulsionadas no sentido de combater tenazmente a criminalidade nos bairros residenciais se houvesse investigação e publicações suficientes sobre as diversas consequências da criminalidade nos bairros residenciais. O principal objetivo deste artigo é avaliar de forma crítica as consequências da criminalidade em bairros residenciais. Os resultados da investigação revelaram uma natureza triangular das consequências, na medida em que estas recaem sobre a propriedade e os seus arredores, sobre o governo e as suas agências e, em terceiro lugar, sobre os residentes. Este estudo considera que a luta contra a criminalidade nos bairros residenciais traz alguns benefícios, como a eliminação do medo do crime, o que, por sua vez, irá melhorar o estado de saúde dos residentes, aumentar a eficiência do trabalho, impulsionar o investimento na habitação, aumentar as receitas públicas provenientes do imposto sobre a propriedade e, por sua vez, reduzir as despesas públicas com o controlo da criminalidade. Todos estes esforços traduzir-se-ão em sustentabilidade ambiental.

Palavras-chave: Consequências; Governo; Propriedade; Residentes; Crime em bairros residenciais

1.0 INTRODUÇÃO

A nível mundial, diz-se que a violência urbana está a aumentar devido à urbanização descontrolada e ao advento da industrialização[1]. No entanto, os bairros residenciais têm sido mais afectados pela criminalidade contra a propriedade, também designada por criminalidade em bairros residenciais, sob a forma de roubo, furto, vandalismo, roubo, agressão, assalto, violação e até homicídio. Isto deve-se ao facto de os objectos de valor serem guardados em casa e de os residentes, na maior parte do dia e da semana (com exceção dos lares de reformados), terem de deixar as suas casas vazias para irem para o local de trabalho, escola, recreio e local de culto, entre outros, tornando assim as suas casas alvo de ataque por parte de potenciais criminosos. Além disso, crimes como violações e homicídios são mais frequentes em bairros residenciais devido à sua função fundamental de servir de alojamento após as actividades do dia.

A criminalidade contra a propriedade, especialmente no meio urbano, tornou-se globalmente um tema de discussão entre urbanistas, decisores políticos, investigadores, organizações internacionais responsáveis pela sustentabilidade ambiental e outros profissionais afins. Isto deve-se ao efeito devastador que tem em quase todos os sectores da economia. Essencialmente, as consequências dos crimes contra o património são transversais aos residentes, à vizinhança e ao governo. Para os residentes, verificou-se que os crimes contra a propriedade podem ter o efeito psicológico do medo, que, segundo os estudos efectuados, causa danos à saúde dos residentes[2]. A investigação mostra também que os crimes contra a propriedade aumentam desnecessariamente o orçamento familiar devido à necessidade de fornecer dispositivos de segurança ao edifício[1]. Além disso, os crimes contra a propriedade, especialmente no domínio dos crimes violentos (por exemplo, assaltos à mão armada), raramente resultam na perda de vidas e numa diminuição da produtividade.

Considerando a incidência da criminalidade imobiliária no bairro residencial,

6

descobriu-se que esta tem um impacto negativo no investimento imobiliário[3]. Este facto é revelado através da mobilidade residencial negativa, do declínio do bairro devido à estigmatização, do efeito negativo na sustentabilidade ambiental e da prática imobiliária em geral. O efeito da criminalidade imobiliária nas actividades do Estado inclui a diminuição das receitas provenientes do imposto sobre a propriedade, o efeito adverso da criminalidade de rua na governação, despesas públicas excessivas e evitáveis na aquisição e manutenção do policiamento comunitário e o seu efeito negativo na economia em geral[4].

Numa outra perspetiva, o custo da criminalidade e do medo da criminalidade pode ser dividido em quatro categorias[5].Estas incluem: (i) os custos do sistema de justiça comunitário (SCJ), que se referem às despesas com a polícia, os tribunais, as acções penais e as prisões; (ii) os custos da carreira criminosa, que se referem aos custos de oportunidade da opção de um delinquente de participar em comportamentos ilegais, que não sejam legítimos e produtivos; (iii) os custos das vítimas, que se referem às perdas económicas das vítimas da criminalidade e incluem despesas médicas, perda de rendimentos e danos e destruição de bens; (iv) os custos intangíveis, que se referem a perdas e dores indirectas, sofrimento, redução da qualidade de vida e stress psicológico. De acordo com o estudo, todos estes factores são susceptíveis de ter um impacto significativo no bem-estar dos cidadãos e das comunidades.

Anderson[6] examinou os efeitos do crime no governo e na sociedade sob quatro (4) ângulos relacionados. Estes incluem (i) a produção induzida pelo crime (isto explica que o crime pode ocorrer como resultado da distribuição de recursos para bens e serviços que não acrescentam nada à sociedade, exceto na sua ligação com o crime); (ii) os custos de oportunidade (à medida que o número de indivíduos presos aumenta constantemente, a sociedade sofre a enorme e crescente perda de produtividade dos potenciais trabalhadores); (iii) o valor dos riscos para a vida e a saúde (as consequências expressas da criminalidade violenta estão relacionadas com o medo de ser morto ou ferido, o perigo associado à incapacidade de reagir como esperado e a agonia de ser vítima); (iv) as transferências (um dos resultados da fraude ou do roubo é a transferência de bens da vítima para o infrator).

Este trabalho é considerado desejável com base na hipótese de que a criminalidade nos bairros residenciais está a aumentar a nível mundial e, muito especialmente, nos países em desenvolvimento, devido à escassez de investigação e de publicações sobre as suas consequências, que são consideradas devastadoras. Por conseguinte, este documento concorda com a posição de que o efeito nefasto da criminalidade contra a propriedade residencial só pode ser atenuado quando as partes interessadas estiverem conscientes das suas consequências, com vista a melhorar a sustentabilidade da habitação.

2.0 NATUREZA DA CRIMINALIDADE NOS BAIRROS RESIDENCIAIS

A ameaça social da criminalidade tornou-se uma componente principal do debate sobre questões urbanas e a prevenção da criminalidade é atualmente uma questão de política urbana tão importante como a falta de habitação e a pobreza[7]. Está a manifestar-se gradualmente que estes problemas estão interrelacionados. A criminalidade contra a propriedade, especialmente nas residências, é considerada gravemente afetada.

A entrada ilegal no apartamento residencial de outras pessoas com o objetivo de cometer um crime é designada por "arrombamento residencial"[8,9]. As infracções que constituem "invasão de domicílio" incluem a entrada violenta na casa de alguém, possivelmente com a intenção de roubar. Para efeitos da presente investigação, o termo "furto em residência" é utilizado para designar tanto os crimes de arrombamento como os de furto em residência. O facto de as casas estarem normalmente vazias durante o dia explica a frequência dos crimes de furto. Muitos habitantes das cidades, especialmente a classe de rendimentos elevados, são principalmente vitimados devido à aquisição maciça de objectos pessoais (valores) e ao facto de um grande número de habitações unifamiliares com muitos pontos de entrada acessíveis, como portas e janelas[10].

Os impactos cumulativos da criminalidade sobre a reestruturação socioeconómica ou a concentração de grupos específicos nos bairros, fazem-se sentir ao longo do tempo. No entanto, os níveis de transformação do crime são susceptíveis de provocar respostas imediatas a nível individual. O aumento dos delitos terá uma influência direta na perceção individual da segurança de um bairro. Assim, à medida que as percepções relativas à segurança da comunidade se deterioram, os residentes urbanos optam frequentemente por sair de comunidades altamente povoadas em busca de um bairro seguro[11,12,13]. Em primeiro lugar, o crime e o medo do crime levam à fuga da cidade para os subúrbios. Esta fuga deixa no seu rasto áreas de pobreza concentrada e enclaves raciais/étnicos no núcleo urbano[14,15].

Uma vez que os mercados imobiliários são a arena em que a influência da criminalidade se revela pela primeira vez, estes mercados podem servir essencialmente como indicadores precoces do declínio de um bairro. Consequentemente, uma análise abrangente da forma como a criminalidade afecta os preços da habitação local conduzirá essencialmente a uma compreensão clara do discurso mais vasto sobre os impactos da pequena criminalidade na estabilidade residencial[16,17].

3.0 METODOLOGIA

O trabalho de investigação é uma combinação de métodos qualitativos (observações e entrevistas) e uma análise da literatura relacionada com as consequências e o impacto geral da criminalidade em bairros residenciais (CVI). Os dados secundários foram obtidos através de diferentes bases de dados, incluindo Scopus, Web of Science (ISI), SAGE journal online, Ebscohost, Emerald e ScienceDirect, entre outras. Foi feita uma tentativa de avaliar criticamente os artigos relacionados através da análise de estudos anteriores para validar ainda mais o peso da criminalidade na vizinhança residencial depois de diagnosticar a gravidade dos custos da criminalidade na vizinhança residencial para os residentes, a vizinhança imediata e o governo/sociedade. A entrevista foi realizada a adultos (classe trabalhadora) utilizando o método de amostragem de bola de neve, com um número total de 47 inquiridos, basicamente sobre os efeitos gerais do RNC, tal como destacados na literatura. As implicações políticas da investigação foram posteriormente destacadas com vista a melhorar a sustentabilidade da habitação.

4.0 ANÁLISE DE ESTUDOS ANTERIORES SOBRE AS CONSEQUÊNCIAS DA CRIMINALIDADE EM BAIRROS RESIDENCIAIS

Através da literatura, foram identificados trabalhos empíricos associados às consequências da criminalidade em bairros residenciais. O Quadro 1 apresenta um resumo dos trabalhos relacionados.

Incidence OF Crime	Author & Year	Title	Purpose	Result(s)
Residential Environment	Gibbons[1]	The costs of urban property crime	To examine the cost of property crime on urban settlements.	Property crime causes high residential mobility, stigmatization & discourages property investment
	Pope & Pope[4]	Crime and property values: Evidence from the 1990s crime	To examine the link between crime and property values by exploiting the dramatic, nationwide decrease in crime that occurred in 1990s	The result indicated that negative relationship between crime changes and property value were substantially significant & economically large
	Lynch & Rasmussen[3]	Measuring the impact of crime on house prices	To estimate the impact of crime on house prices	The cost of crime has virtually no impact on house prices overall but that homes were highly discounted in high crime areas.
	Crutchfield, Geerken, & Gove[18]	Crime rate and social integration: The impact on metropolitan mobility	To determine the impact of property crime on immediate neighbourhood	Neighbourhood crime is capable of causing residential mobility and negatively affect social integration
Residents	Cohen[19]	A note on the cost of crime on victims	To determine the cost of property crime on residents	Property crime increases family budget, causes fear, health hazard & death
	Green, G et al.[20]	Fear of crime and health in residential tower blocks in Liverpool, UK	To seek to assess the relationship between fear of crime and residents' health	There was significant associations between fear of crime and health status
	Dugan[12]	The Effect of criminal victimization on a household's moving decision	To determine the impact of criminal victimization on a household's moving decision	The cost included monetary costs on lease-breaking penalties, realty mortgage and transfer tax cost. It can cause emotional and social stress
	Anderson[6]	The aggregate burden of crime	To estimate all the direct and indirect costs of crime for the entire US nation.	There was huge loss to the victims as well as the general economy
Government/	Mayhew[21]	Counting the cost of crime in Australia	To analyse the cost of crime to the society and government.	Cost of acquiring more police increases government budget/expenditure
	Jaliliyan & Heydari[22]	Crime cost kinds and their assessing methods.	To analyse kinds of crime cost and their assessment methods	Crime is capable of increasing government expenditure
	McCollister, French,	The cost of crime to society: New crime-	The study presented a comprehensive	The societal costs of crime cut across

Society	Fang[5]	specific estimate for policy and program evaluation	methodology for calculating the cost to society of various criminal acts.	victim costs, criminal justice system costs, crime career costs and intangible costs.

Quadro 2: Análise da reação do público às consequências do RNC

S/N	QUESTION	YES	NO	%tage of YES	%tage of NO
1.	RNC is capable of causing psychological fear	45	2	95.7	4.3
2.	RNC can increase household budget	43	4	91.5	8.5
3.	RNC is capable of reducing public revenue	41	6	87.2	12.8
4.	RNC is capable of increasing government budget	39	8	83.0	17.0
5.	RNC is capable of reducing health status	42	5	89.4	10.6
6.	RNC is capable of leading to sudden death	46	1	97.9	2.1
7.	RNC can reduce efficiency of labour	38	9	80.9	19.1
8.	RNC can increase residential mobility	35	12	74.5	25.5
9.	RNC can lead to neighbourhood decline	38	9	80.9	19.1
10.	RNC can have negative impact on housing sustainability	40	7	85.1	14.9
11.	RNC through incivility can have negative impact on governance	41	6	87.2	12.8

5.1 RESULTADOS E DISCUSSÃO

Essencialmente, uma pesquisa superficial na literatura, como mostra a Figura 1, revelou que as consequências do crime em bairros residenciais (CVR) podem ser discutidas sob três títulos principais: efeito nos residentes; efeito na vizinhança imediata e efeito nas actividades governamentais. Por conseguinte, este tema é discutido sob a forma de incidências triangulares do RNC.

5.1 Efeito sobre os residentes

Ao longo dos anos, a investigação provou que a criminalidade em bairros residenciais é capaz de provocar uma psicologia emocional do medo, que pode degenerar em problemas de saúde e na perda súbita de vidas. Green[20] estabeleceu uma relação esquemática entre o medo do crime e a saúde (ver Figura 2). O estudo concluiu que a sensação de segurança no escuro, especialmente quando se está sozinho, é o indicador mais preciso do estado de saúde e que o medo do crime afecta expressamente a qualidade de vida, o que, segundo o estudo, está associado a um estado de saúde mais precário. Na mesma linha, Cozens[2] afirmou que o RNC também pode reduzir o nível geral de atividade física e que o aumento do medo e da preocupação com o crime tem sido associado a uma saúde mental e física deficiente[23].

5.2 Efeito na vizinhança imediata

Os investigadores demonstraram que a criminalidade nos bairros residenciais tem um impacto negativo no ambiente imediato. Este facto manifesta-se de várias formas, como o desincentivo ao investimento imobiliário[1], levando à mobilidade residencial com as consequências que daí advêm[12], o declínio ambiental através da estigmatização do bairro[4] e o efeito negativo na sustentabilidade ambiental[3]. Ao longo dos anos, os investimentos em imóveis residenciais têm sido vistos como um negócio lucrativo devido às muitas vantagens que lhes estão associadas, tais como a regularidade e a segurança do rendimento e do investimento, o facto de servirem de proteção contra a inflação, a possibilidade de criar uma participação no património, o facto de servirem de garantia para a obtenção de um empréstimo e uma série de outras. No entanto, todas estas vantagens foram ameaçadas pelo aumento da taxa de criminalidade no sector imobiliário a nível mundial[19].

Além disso, a criminalidade nos bairros residenciais tem sido considerada como tendo uma influência negativa nas transacções imobiliárias[1,27]. Thaler[27] encontrou um impacto negativo entre os crimes per capita no bairro residencial e os preços da habitação. As suas estimativas indicam que um aumento de um desvio-padrão na consequência da criminalidade no bairro residencial reduz o preço da habitação em cerca de três por cento. Enquanto Gibbons[1], no seu trabalho empírico, encontrou uma redução de dez por cento nos valores da propriedade para um aumento de um desvio-padrão na criminalidade de bairro. No entanto, estes trabalhos de investigação enfrentaram potenciais desafios em termos de variáveis omitidas na secção transversal, bem como nas séries cronológicas[28]. De acordo com os estudos, as taxas de criminalidade em corte transversal são susceptíveis de co-variar com outras comodidades do bairro, que os investigadores não podem controlar adequadamente, uma vez que as taxas de criminalidade podem mudar à medida que a composição e os atributos dos bairros se alteram.

5.3 Efeito nas actividades da administração pública e na sociedade

Para além dos efeitos negativos significativos do RNC sobre os residentes, bem como sobre o ambiente imediato, conclusões fiáveis também estabeleceram o facto de que o RNC é capaz de ter uma influência negativa sobre as actividades governamentais. Estas abrangem a redução das receitas públicas provenientes do imposto sobre a propriedade, o efeito da infração na governação, o aumento das despesas públicas com a aquisição de material policial, armas de fogo, custos de construção e manutenção de mais prisões e emprego de mais juízes, entre outros, e o seu efeito negativo na economia em geral.

Anderson[6] calculou os custos indirectos e directos da criminalidade em todo o território dos Estados Unidos. O estudo afirmava que a agregação dos custos normalmente associados às actividades criminosas e considerava os custos incidentais que ainda não tinham sido incluídos numa fórmula global para o custo agregado da criminalidade. O estudo sublinhava ainda que este custo incluía as despesas do sistema jurídico, as indemnizações às vítimas e os departamentos de prevenção da criminalidade, sendo que as consequências da criminalidade incluem o custo de oportunidade do tempo das vítimas, dos criminosos e dos prisioneiros. O custo da dissuasão privada e o medo de ser vitimado. De acordo com Anderson[6], o incidente líquido anual da criminalidade ultrapassa os 1 trilião de dólares. Na mesma linha, Dambazau[29] argumentou que o governo nigeriano gastava não menos de dez biliões de nairas por ano para alimentar os reclusos, o que é considerado escandaloso e evitável. Esta soma avultada poderia muito bem ser gasta em projectos mais louváveis. Ao estimar o peso da criminalidade para o governo dos EUA, Anderson[6] descobriu que a produção induzida pela criminalidade absorvia 397 mil milhões de dólares, o custo de oportunidade 130 mil milhões de dólares, o risco de vida e de saúde 574 mil milhões de dólares, as transferências 603 mil milhões de dólares, o peso bruto 1 705 mil milhões de dólares, o líquido de transferências 1 102 mil milhões de dólares e per capita 4 118 mil milhões de dólares. O estudo considera que estes montantes absorvem uma parte do orçamento que poderia ser judiciosamente utilizada para outros fins.

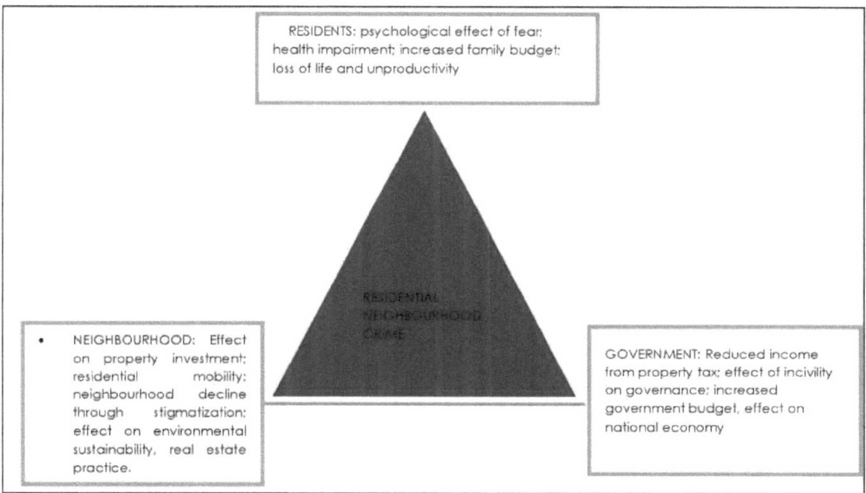

Figura 1: Consequências triangulares da criminalidade em bairros residenciais

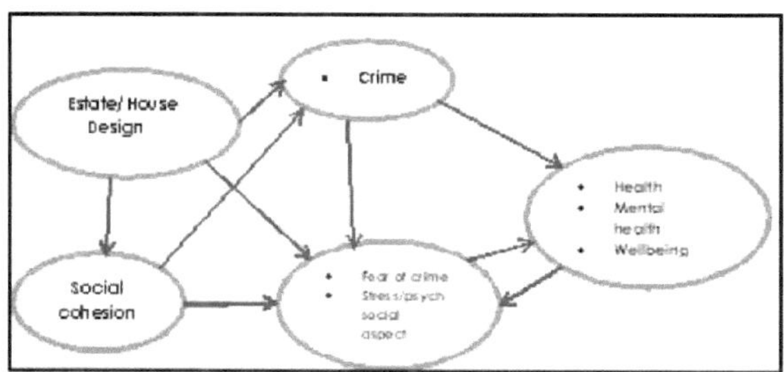

Figura 2: Relação entre o medo do crime e a saúde (Green et. al.[20])

5.2 CONCLUSÃO

Este trabalho debruçou-se sobre as consequências da criminalidade em bairros residenciais para o ambiente imediato, os residentes e o governo. As conclusões mostraram que o efeito da criminalidade em bairros residenciais é completamente negativo e que a sua tendência crescente, especialmente nos países em desenvolvimento, onde o sistema penal (utilização da polícia, dos tribunais e das prisões) ainda prevalece, suscita uma preocupação preocupante.

Além disso, o documento revelou, direta ou indiretamente, os benefícios inerentes ao combate à criminalidade nos bairros residenciais. Estes incluem: a eliminação do medo do crime no bairro, a eliminação da mobilidade residencial anormal, a cura do declínio do bairro residencial, o aumento das receitas públicas através do imposto sobre a propriedade, que pode contribuir para a prosperidade económica do país, a redução das despesas públicas com a prevenção do crime, como a contratação de mais polícias, a construção de mais prisões e o recrutamento de mais juízes. Além disso, uma atenção significativa prestada às consequências da criminalidade nos bairros residenciais poderia traduzir-se num aumento do investimento na habitação e na sustentabilidade geral do ambiente habitacional.

Este artigo pretende também servir de alerta para os planeadores urbanos, gestores imobiliários, investigadores, decisores políticos e agências governamentais para que encarem a criminalidade nos bairros residenciais como uma ameaça que deve ser severamente combatida com o objetivo de melhorar a habitação e a sustentabilidade ambiental.

Referências

[1]   Gibbons, S. 2004 The Costs of Urban Property Crime*. *The Economic Journal, 114*(499): F441-F463.

[2]   Cozens, P. 2015. Crime and Community Safety. *The Routledge Handbook of Planning for Health and Well-Being: Shaping a sustainable and healthy future.*

[3]   Lynch, A. K., D. W. Rasmussen 2001. Measuring the impact of crime on house prices.*Applied Economics, 33*(15): 1981-1989.

[4]   Pope, D. G., J. C. Pope 2012 Crime and property values: Evidence from the 1990s crime drop. *Regional Science and Urban Economics, 42*(1): 177-188.

[5]   McCollister, K. E., M. T. French, H. Fang, 2010. The cost of crime to society: New crime-specific estimates for policy and program evaluation.*Drug and alcohol dependence, 108*(1): 98-109.

[6]   Anderson, D. A. 1980 The aggregate burden of crime*. *The Journal of Law and Economics, 42*(2): 611642.

[7]   Naroff, J. L., D. Hellman, D. Skinner 1980 Estimates of the impact of crime on property values. Growth and Change, 11(4): 24-30.

[8]   Moreto W. 2010 Risk factors of urban residential burglary. *RTM Insights 4:* 1-3.

[9]   Ratcliffe J 2001 Policing urban burglary. Trends & Issues in Crime and Criminal Justice no. 213. http://www.aic.gov.au/publications/current%20series/tandi/201-220/tandi 213. aspx,

[10] Grabosky P 1995 Burglary prevention. Trends & Issues in Crime and Criminal Justice no. 49. Camberra: Australian Institute of Criminology. http://www.aic.gov.au/documents/3 /5/D/%7B35D86CDD-F1 C5-4F1 B- BC85-378662CF69307o7Dti49.pdf.

[11] Cullen, J. B., S. D. Levitt, 1999. Crime, urban flight, and the consequences for cities. *Review of economics and statistics, 81*(2): 159-169.

[12] Dugan, L. 1999. The effect of criminal victimization on a household's moving decision*. *Criminology, 37*(4): 903-930.

[13] Tita, G. E., T.L Petras, R. T. Greenbaum, 2006 Crime and residential choice: a neighborhood level analysis of the impact of crime on housing prices. *Journal of Quantitative Criminology, 22*(4):299-317.

[14] Jargowsky, P. A. 1996 Beyond the street corner: The hidden diversity of high-poverty neighborhoods. *Urban Geography, 17*(7): 579-603.

[15] Massey, D. S. N. A Denton, 1993 American apartheid: Segregation and the making of the underclass.Cambridge, MA: Harvard University Press.

[16] Schwartz, A. E., S. Susin, I. Voicu, 2003 Has falling crime driven New York City's real estate boom? *Journal of Housing Research, 14*(1): 101-136.

[17]   Ihlanfeldt, K., T. Mayock, 2010 Panel data estimates of the effects of different types of crime on housing prices. *Regional Science and Urban Economics, 40*(2):161-172.

[18]   Crutchfield, R. D., M. R.Geerken, W. R. Gove, 1982 Crime Rate and Social Integration The Impact of Metropolitan Mobility. *Criminology, 20*(3-4): 467-478.

[19]   Cohen, M. A. 1990 A note on the cost of crime to victims.*Urban Studies, 27*(1):139- 146.

[20]   Green, G, J. M. Gilbertson, M. F. J. Grimsley, 2002 Fear of Crime and health in residential tower blocks in Liverpool, U.K. European Journal of Public Health. 12 :10-15.

[21]   Mayhew, P. 2003 *Counting the costs of crime in Australia Instituto Australiano de Criminologia.*

[22]   Jaliliyan, M., M. Heydari 2014 *Tipos de custos do crime e seus métodos de avaliação. Kuwait Chapter of Arabian Journal of Business and Management Review Vol. 4 (1):113-124.*

[23]   Jackson, J., M. Stafford 2009 *Public health and fear of crime a prospective cohort study. British Journal of Criminology, azp033.*

[24]   Wilson P. R. 1989 *Crime and Crime Prevention. Documento apresentado na conferência Designing Out Crime: Crime Prevention Through Environmental Design (CPTED) convocado pelo Australian Institute of Criminology e NRMA Insurance e realizado no Hilton Hotel, Sydney, 16 de junho.*

[25]   Garofalo, J. 1981 *O medo do crime: Causes and consequences. The Journal of Criminal Law and Criminology (1973-), 72*(2):839-857.

[26]   Felson, M., R. L. Boba, 2010 (Eds.) *Crime and everyday life. Sage.*

[27]   Thaler, R. 1978 *A note on the value of crime control: evidence from the property market. Journal of Urban Economics, 5*(1):137-145.

[28]   Linden, L., J.E. Rockoff, 2008 *Estimates of the impact of crime risk on property values from Megan's Laws. The American Economic Review, 98*(3):.1103-1127.

[29]   Dambazau, A. 2016 *A Nigéria gasta 10 mil milhões de dólares por ano para alimentar os prisioneiros. New Nigerian Newspaper, 11 de maio.* www.newnigeriannewspaper.com,

Capítulo 3

PARA UMA HABITAÇÃO LIVRE DE CRIME: CPTED VERSUS CPSD

Resumo

As tentativas de manter um bairro residencial livre de crime exigiram a adoção dos conceitos de Prevenção da Criminalidade através da Conceção Ambiental (CPTED) e Prevenção da Criminalidade através do Desenvolvimento Social (CPSD). No entanto, tem havido uma forte discussão entre os profissionais da conceção ambiental e os sociólogos e criminologistas a favor e contra a adequação dos conceitos à prevenção da criminalidade. Tem havido uma escassez de análises de estudos sobre a veracidade destas críticas. Na sequência disto, o estudo analisa e explora cuidadosamente as várias críticas a favor e contra as duas abordagens, com o objetivo de melhorar a sua aplicação e desempenho. Os pontos fortes e fracos de cada um dos conceitos foram extraídos de uma pesquisa aprofundada na literatura relacionada, como revistas, manuais escolares, teses não publicadas e relatórios de investigação. Os resultados mostram que a maioria das críticas foram construtivas e resultaram numa melhoria da teoria/política. Este documento recomenda uma sinergia entre os dois para formar a Prevenção do Crime através do Desenvolvimento Social e Ambiental (CPSED), tendo certificado que os dois conceitos são benéficos na prevenção do crime. Os esforços nesta direção devem ser intensificados para se conseguir um bairro residencial livre de crime.

Palavras-chave: Crime, prevenção do crime, CPTED, CPSD, segurança da habitação.

1. Introdução

Na hierarquia das necessidades humanas, a habitação é geralmente classificada a seguir à alimentação. Isto explica porque é que a questão da habitação é geralmente levada a sério tanto pelos indivíduos como pelos governos. A teoria social acredita que toda a gente precisa de ter uma habitação adequada, pois isso tem muito a ver com a eficiência do trabalho, que mais tarde se transforma no dinamismo da economia de um país ou não (Agunbiade, 2012). Aparentemente, a habitação cumpre três funções necessárias ao ser humano. Estas vão desde o fornecimento de segurança e abrigo, o sentido de espaço pessoal e privacidade, o fornecimento de espaço comum para a família humana até servir de centro de produção comercial, o que se manifesta através da interação do mercado da habitação, que exige uma interação entre o vendedor/proprietário e o comprador/locatário da casa, com a ajuda do agente imobiliário que actua como facilitador. Não admira que, tendo em conta a relevância da habitação para a humanidade, Thiele (2002) tenha considerado o direito humano à habitação como um instrumento de promoção e preservação da saúde individual e comunitária. A habitação, no entanto, vai para além do edifício físico, mas também transcende todas as características ambientais que tornarão o edifício habitável e sustentável. Entre estas, destaca-se a segurança física das vidas e da riqueza, que é vista como um fator de desafio à sustentabilidade dos bairros residenciais (Hirschfield, et. al., 2013; Mohit e Elsawahli, 2010; Rabe e Taylor, 2010)

Os proprietários de casas, bem como os ocupantes, são normalmente susceptíveis a várias formas de insegurança, que vão desde as catástrofes naturais (inundações, terramotos, furacões, deslizamentos de terras e tsunamis, entre outros) até à insegurança provocada pelo homem, que constitui principalmente crimes violentos e contra a propriedade. Essencialmente, o crime urbano e o medo do mesmo situam-se numa cultura de violência (Robertshaw, Lauw e Mtani, 2001). A nível mundial, o ritmo a que a criminalidade urbana está a aumentar aproxima-se de um estado preocupante, sobretudo nas cidades dos países desenvolvidos e em desenvolvimento. Outra faceta da criminalidade de bairro é o medo do crime, frequentemente associado à segurança da vida e dos bens durante a noite ou quando se está sozinho, o que pode afastar a pessoa da rua ou de outros locais públicos (Wekerle e Whitzman, 1995). Robertshaw, et. al. (2001) identificou, entre outros, factores ambientais físicos resultantes de uma conceção urbana e de uma gestão deficientes do processo de urbanização, serviços urbanos inadequados e a não incorporação de questões relacionadas com a segurança nas políticas de gestão urbana como factores que contribuem para o aumento da criminalidade urbana.

Foram intensificados os esforços, através de investigações e teorias, para formular abordagens mais científicas, modernas e pragmáticas em relação à prevenção da criminalidade. A prevenção do crime, no âmbito deste estudo, é uma atividade planeada que visa diminuir e eliminar várias oportunidades de criar perigo, ameaça e invasão dos direitos de outras pessoas e, principalmente, impedir que os autores cometam infracções penais. Trata-se de agir antes das consequências - ante dictum - e de eliminar as circunstâncias que podem criar uma oportunidade para uma infração e o desenvolvimento de actividades criminosas (Mesko, et.al 2002).

Embora a prevenção da criminalidade esteja a ser dividida em vários tipos, sempre houve uma categorização popular em prevenção terciária, secundária e primária da criminalidade. A prevenção primária diz respeito a medidas destinadas a evitar as causas e as condições para o desenvolvimento ou o surgimento de actividades criminosas; a prevenção secundária centra-se nas medidas de deteção precoce de potenciais infractores e das condições que conduziram a actividades criminosas; enquanto a prevenção terciária trata dos indivíduos que já cometeram um crime (Mesko, et.al 2002).

Outra classificação das abordagens de prevenção da criminalidade é a conceção ambiental, a teoria das oportunidades e o desenvolvimento social. O CPTED inclui espaço defensável, janela quebrada, segurança por projeto (SBD), condomínios fechados e prevenção situacional do crime, entre outros. A teoria da oportunidade inclui a teoria da atividade rotineira, a teoria da escolha racional e a teoria dos padrões sociais (Armitage, 1999; Cozens, 2013; Saville e Cleveland, 2008). A prevenção do crime através do desenvolvimento social (CPSD), por outro lado, aborda os factores sociais como a pobreza, os sem-abrigo, a parentalidade inadequada, a personalidade e o comportamento individuais, a associação entre pares, a educação deficiente, a desintegração da comunidade, o desemprego e outros que estão na base do crime.

Ao longo dos anos, os estudos revelaram que, devido à incapacidade do sistema penal (utilização da polícia, do tribunal e da prisão) para eliminar a criminalidade de bairro, as abordagens sociais e ambientais foram propostas como alternativas fiáveis (Sutton, et. al., 2014; Tilley, et al, 2013). No entanto, é surpreendente notar que existia um forte contraste em termos de superioridade entre os proponentes das duas abordagens. Assim, a principal intenção deste estudo é examinar criticamente os dois conceitos (CPTED e CPSD) nas áreas de força e fraqueza, com vista a melhorar a implementação e o desempenho no sentido da sustentabilidade da habitação.

No entanto, é suficiente afirmar que, na medida em que não é intenção primária deste estudo tomar posição a favor ou contra o CPTED e/ou o CPSD, o esforço é intensificado para fazer uma descrição expositiva de cada um com vista a criar uma lacuna para investigação futura, a fim de tornar cada conceito mais realista, aceitável e praticável nos países desenvolvidos, em desenvolvimento e emergentes. Este artigo também tenta recomendar uma fusão dos dois conceitos na prevenção da criminalidade de bairro. As outras partes do artigo dividem-se em: natureza da criminalidade de bairro residencial, conceito de prevenção da criminalidade, antecedentes históricos dos conceitos, discussões sobre os seus pontos fortes e fracos e conclusão.

2. Conceito de prevenção da criminalidade

A literatura revela que a definição de "prevenção da criminalidade" se enquadra em três escolas de pensamento. A primeira considera que o policiamento, a justiça penal e a "lei e ordem" devem ser excluídos da definição, enquanto a segunda escola de pensamento considera que o sistema penal deve ser incluído. A terceira categoria é neutra.

Em primeiro lugar, Sutton, et. al (2013) debruçam-se sobre a definição de Van Dijk e de Waard (1991, p. 483), que considera a prevenção da criminalidade como "o conjunto de todas as iniciativas privadas e políticas estatais, que não a aplicação da lei penal, destinadas a reduzir os danos causados por actos definidos como criminosos pelo Estado", sublinhando que a prevenção da criminalidade deve abranger tanto a prevenção social como a prevenção ambiental e que deve ser adoptada como uma alternativa ao policiamento, à justiça penal e à "lei e ordem". Na sua análise, Sutton, et.al (2013) acreditam que a maioria das pessoas e dos governos apoia a "lei e a ordem" apenas porque esta tende a combater o crime na sua fonte direta e fundamental, ou seja, o infrator; mas, segundo eles, os factores que contribuem para a ocorrência de qualquer delito são múltiplos e complexos. Identificam uma vantagem da política de prevenção no facto de esta ultrapassar a fixação nos desviantes e no desvio e começar a abordar todos os elementos que contribuem para a sua ocorrência. Reconhecem que esta é a razão pela qual os governos fariam bem em gastar mais dos seus recursos na prevenção, pois sublinham que qualquer governo constituído que dedique recursos excessivos à abordagem do sistema penal arrisca-se não só a desperdiçar dinheiro, mas também a danificar o tecido social. Segundo eles, a dependência excessiva do uso da polícia, do tribunal e da prisão neste mundo contemporâneo será grosseiramente inadequada e tornar-se-á contraproducente: a tendência para "escolhas racionais" feitas por indivíduos isolados combinada com a destruição de recursos colectivos inestimáveis e insubstituíveis. Além disso, no caso da política criminal, o apoio mútuo é tanto social como físico, como se vê globalmente que há uma tendência crescente dos cidadãos para viverem em condomínios fechados (Low, 2003), trabalharem em blocos de escritórios seguros e encontrarem prazer em enclaves que são devidamente controlados e patrulhados (Davis, 1990). Também em bairros onde os seus governos confiam mais em tácticas de policiamento agressivas para manter a ordem no que resta do domínio público (Sutton at.al., 2013). Atkinson (2006) e Low (2003) afirmaram que a expansão da segurança privada e a maior ênfase na lei e na ordem em democracias baseadas no mercado, caracterizadas por níveis significativos de desigualdade, podem levar a níveis mais elevados de inquietação, medo e crime. Assim, Sutton et.al, (2013) acreditam que a prevenção do crime através do desenvolvimento social e da conceção do ambiente é capaz de quebrar o ciclo.

Considerando a segunda escola de pensamento, que é vista como um nível mais prático, investigadores como Ekblom (2011) e Weatherbum (2002) salientam que a abordagem de Van Dijk e de Waard critica as provas de investigação de que a detenção, o encarceramento e outras iniciativas baseadas na justiça penal também dissuadem e reduzem a infração. Em consonância com esta posição, a prevenção da criminalidade, tal como definida nas Directrizes das Nações Unidas de 2002 para a prevenção da criminalidade, "compreende estratégias e medidas que procuram reduzir o risco de ocorrência de crimes e o seu potencial efeito nocivo nos indivíduos e na sociedade, incluindo o medo do crime, intervindo para influenciar as suas múltiplas causas". As Orientações concordam com muitos académicos e decisores políticos que analisam as actividades do sistema penal como "preventivas" com base no seu presumível efeito "dissuasor" sobre os potenciais infractores, bem como na contenção e redução do risco de infração através da incapacitação durante a prisão. As Orientações concluíram que a prevenção da criminalidade não restringe o seu significado a medidas de "redução da criminalidade ou de "controlo da criminalidade", uma vez que o objetivo da prevenção da criminalidade vai para além da ausência de criminalidade e da melhoria da qualidade de vida.

Por outro lado, a prevenção da criminalidade abrange a redução da possibilidade de risco futuro de cometer crimes, o que significa que os crimes não são totalmente erradicados (Mayor's Task Force on Safer Cities, 1992; Waller & Weiler, 1984). A definição de crime segundo esta definição, acrescentaram, limita-se normalmente a bens como o roubo, o furto, o arrombamento e o vandalismo, bem como a outras infracções contra pessoas como a agressão, a agressão sexual, o homicídio e a condução perigosa.

Os conceitos e/ou iniciativas de prevenção da criminalidade no bairro são considerados nos seguintes títulos e subtítulos: sistema penal; CPTED; CPSD; condomínios fechados e vedação de propriedades; e teorias de oportunidade do crime (prevenção situacional do crime, teoria do estilo de vida, teoria da escolha racional, teoria das actividades de rotina, teoria do padrão de crime, janelas quebradas, espaço defensável, etc.).

3. ANTECEDENTES HISTÓRICOS DAS TEORIAS DE BASE (CPTED & CPSD)

O CPTED afirma que "a conceção adequada e a utilização eficiente do ambiente construído podem resultar numa diminuição do medo e da extensão da vitimização e numa melhoria da qualidade de vida (Crowe, 2000:46, Cozens, 2008). O CPTED, que é transversal a muitas profissões, tem como fonte necessária a criminologia, o planeamento e a psicologia ambiental, e situa-se especificamente no domínio da criminologia ambiental, obtendo apoio teórico da teoria da oportunidade, que se preocupa com a alteração das condições físicas e socioambientais que podem aumentar as oportunidades criminais. (Brantingham e Faust, 1976; Cozens e Hillier, 2012).

O conceito CPTED não é completamente novo. A frase foi cunhada por Jeffery em 1971, mas há registos de que um contribuinte significativo para o conceito foi Crowe, através do seu livro intitulado 'Crime Prevention Through Environmental Design' (1991), que é um recurso primário para os profissionais de prevenção do crime na indústria da segurança para os ajudar a compreender melhor a relação entre o design e o comportamento humano. Perry (2013) considera que o CPTED não é uma disciplina reactiva. Pelo contrário, descreveu-a como uma abordagem proactiva para manipular o ambiente físico e provocar o comportamento desejado de redução do crime e do medo do crime. No entanto, Cozens (2008) considera que a emergência da CPTED é um processo que assumiu diferentes formas e recebeu diferentes nomes, mas sem se afastar muito dos princípios da CPTED. Alguns dos contribuintes, tal como enunciados por Cozens (2008), incluem: Jeffery (1971 e 1990) - Crime prevention through environmental design (CPTED); Newman (1973) - Defensible Space; Wood (1961) - Housing Design: A Social Theory; Jacobs (1961) - The death and life of great American Cities; Angel (1968) - Discouraging Crime Through City Planning; Wilson e Kelling (1982) - Broken windows; Coleman (1985, 1998) - Utopia on Trial: Vision and reality in planned housing; Poyner e Webb (1991) - Crime-free Housing; e Crowe (1991 e 2000).

De acordo com Clarke (1989), a teoria do CPTED baseia-se mais na premissa de que o crime resulta das oportunidades apresentadas pelo ambiente físico, pelo que não é impossível alterar o ambiente físico para que o crime possa ser reduzido ou mesmo evitado. Por conseguinte, não é impossível alterar o ambiente físico para que o crime possa ser reduzido ou mesmo evitado. As três principais componentes do CPTED, tal como identificadas por Crowe (1991), incluem o reforço territorial, a vigilância natural e o controlo do acesso natural. Contudo, o aperfeiçoamento do CPTED acrescentou várias outras estratégias, incluindo o apoio às actividades, a gestão da imagem/espaço e o endurecimento dos alvos.

Aparentemente, Crowe (2000) afirmou que alguns conceitos relacionados se confundiram com as teorias e aplicações operacionais do CPTED. Embora alguns destes conceitos se sobreponham ao CPTED, outros são muito diferentes, na medida em que tentam reacondicionar e redefinir a abordagem de senso comum do CPTED. Alguns destes conceitos relacionados incluem: uma abordagem organizada e mecânica do CPTED versus uma abordagem natural; espaço defensável; segurança ambiental; segurança desde a conceção; prevenção natural da criminalidade; cidades mais seguras; prevenção situacional da criminalidade; prevenção da criminalidade num local específico e CPTED de segunda geração. É necessária uma boa compreensão destes conceitos, uma vez que se relacionam ou se distinguem do CPTED. Comentando a popularidade, o desenvolvimento e a aceitabilidade do CPTED, existem provas suficientes de que o CPTED, apesar das críticas, foi aceite pelos governos de diferentes nações, pelas suas agências como a polícia e pelos profissionais (Adams, 1973; Hilliers, 1973; Labs, 1989; Smith 1987; Cozens, 2008; Armitage 2013).

A CPSD é uma teoria que reconhece os complicados processos sociais, económicos e culturais subjacentes que incentivam o crime e a vitimização. Ao prevenir os factores que dão lugar ao crime e à vitimização, a CPSD tenta assim colmatar a lacuna entre o programa de justiça penal e o apoio social às comunidades, famílias e indivíduos. Estes são passíveis de alteração (Attorney General and Justice, NSW, 2011).

O desenvolvimento social, de acordo com Waller e Weiler (1985), refere-se a qualquer programa concebido para discutir as causas fundamentais da criminalidade, como a falta de habitação, a pobreza e as influências familiares pouco saudáveis. Por outras palavras, o CPSD parte da premissa de que existe uma relação de causa e efeito entre a criminalidade e os factores socioeconómicos. Esta ligação sugere medidas de prevenção que transcendem as abordagens convencionais de redução de oportunidades para a prevenção da criminalidade (Mayor's Task Force, 1992).

Em termos de agrupamento, os programas CPSD podem ser divididos em três rubricas principais, nomeadamente: estratégias a nível individual, familiar e comunitário. A estratégia a nível individual centra-se na abordagem das oportunidades que podem colocar o indivíduo em risco de cometer delitos; as políticas orientadas para a família centram-se na garantia da integração familiar e no bloqueio de todas as oportunidades para as crianças cometerem delitos; e as estratégias a nível da comunidade trabalham no sentido da integração da comunidade contra a criminalidade.

A filosofia da CPSD é a de que cada ato criminoso tem consequências tripartidas - para a vítima, para o ambiente imediato e para toda a comunidade. A forma mais eficaz - e menos dispendiosa - de prevenir o crime é intervir precocemente para ajudar as pessoas em risco de se tornarem infractores ou vítimas. (Attorney General and Justice, NSW, 2011; Hastings, 2007).

A nível internacional, o CPSD, de acordo com Waller e Weiler (1985), não é uma ideia nova, uma vez que, em 1967, a Comissão Presidencial dos Estados Unidos sobre a Aplicação da Lei e a Administração da Justiça Penal concluiu que "um dólar para a habitação, um dólar para as escolas
....
eram dólares para a prevenção do crime". Anteriormente, os trabalhos de criminologistas como Gluecks (1962), Cloward e Ohlin (1960), Hawkins e Weis (1985), Hawkins e Catalano (1986), Moffitt (1993) inspiraram programas especiais de oportunidades para os jovens. Nas últimas décadas, tem havido um interesse renovado na prevenção da criminalidade através do desenvolvimento social em França, na Grã-Bretanha, nos EUA, no Canadá e noutras economias em desenvolvimento, como a Malásia, a China, a Escócia e a República da Eslovénia, para mencionar algumas. Foi também

manifestado interesse em comparações internacionais destinadas a compreender por que razão alguns países têm uma taxa de criminalidade oficial baixa, enquanto outros são considerados elevados. O CPSD também foi recomendado e comprovado para a prevenção da criminalidade no sector da habitação (The John Howard Society Of Alberta, 1995; Sherman, 1997; Scottish Government Communities Analytical Services, 2010).

4. DISCUSSÃO SOBRE OS PONTOS FORTES E FRACOS DOS CONCEITOS

Depois de explorados os princípios e as teorias subjacentes ao CPTED e ao CPSD para uma compreensão clara dos dois conceitos, esta secção procura analisar cuidadosamente os pontos fortes e fracos dos dois conceitos enunciados nos estudos existentes.

CPTED - Nas recolhas de Garner Clancy sobre a primeira geração de CPTED, Crowe (2000), ao tentar exprimir os conceitos e estratégias CPTED, afirmou que "o ambiente físico pode ser manipulado para produzir impactos comportamentais que diminuam a frequência e o medo do crime, melhorando assim a qualidade de vida". Rosenbaum, Lurigio e Davis (1998) também resumiram as intenções da primeira geração de CPTED da seguinte forma: o ambiente físico pode controlar as infracções, dificultando as oportunidades de crime através da criação de obstáculos ou barreiras aos alvos; alterar o comportamento dos residentes para aumentar a probabilidade de os infractores serem observados, impedidos ou detidos; ser estruturado ou utilizado pelos cidadãos para reduzir a criminalidade através de um reforço da vigilância, do controlo social e da cooperação e união social entre os residentes e dissuadir o comportamento dos infractores através da redução dos locais de dissimulação e das vias de fuga convenientes. Criticando o CPTED à luz destas definições, Shaftoe e Read (2005) consideram que termos como "espaço defensável", "vigilância natural" e "barreira simbólica" são literalmente utilizados pelos profissionais como   se   fossem   abordagens científicas estabelecidas. Além disso, observaram que é
o de uma estratégia de "designing out crime", mas que também existe o perigo de se dar demasiada importância à sua relevância e de se cair num ponto de vista determinista do design, em que as pessoas são vistas como robots cujo comportamento é totalmente condicionado pelo ambiente em que se encontram".

Algumas das críticas à primeira geração de CPTED levaram ao desenvolvimento da segunda geração de CPTED, que adoptou quatro novas abordagens, nomeadamente: coesão social, conetividade, cultura comunitária e capacidade de limiar (Sallive e Cleveland, 2008). No entanto, a segunda geração de CPTED apoia a consideração de variáveis ao nível do bairro. No entanto, Brantingham e Brantingham (1981) identificaram dinâmicas críticas que actuam a este nível na sua teoria dos padrões de criminalidade. A teoria chama a atenção para nós - ambientes como residências, escolas, locais de trabalho, centros comerciais ou de striptease e áreas de recreação podem oferecer oportunidades e riscos específicos de crime, como eles argumentaram um nó que apoia um tipo de crime pode não favorecer o outro, uma vez que os riscos específicos diferem muito entre os nós; caminhos - que conduzem de um nó a outro, oferecendo também oportunidades e riscos de crime, uma vez que não só os caminhos transportam mais pessoas por metro quadrado - proporcionando assim potenciais criminosos, alvos e guardiães - como também os caminhos conduzem as pessoas a nós que as podem incluir no crime; e bordos - os locais onde duas áreas locais se tocam tornam o crime mais arriscado, uma vez que os forasteiros podem invadir rapidamente e depois desaparecer sem serem contestados ou mesmo detectados.

No entanto, embora o CPTED tenha recebido uma atenção considerável por parte do governo, foi em grande medida ignorado pelos criminologistas que demonstraram pouco interesse pela teoria do design. (Bottoms e Wiles, 1988; Mawby, 1977; Reppetto, 1976). Clarke (1989) observou que as ideias de Newman, que mais tarde se transformaram em CPTED, não coincidiam com a maioria dos criminologistas contemporâneos, uma vez que a criminologia (sobretudo na América) é um ramo da sociologia e, por conseguinte, os factores sociais são considerados mais importantes para explicar a causalidade.

Newman não era um cientista social e parecia ignorar as conclusões da criminologia tradicional. Reppetto (1976) argumentou que as disciplinas de planeamento e arquitetura foram as que mais contribuíram para a teoria do desenho urbano. No entanto, dada a falta de interação entre a teoria do urbanismo e a criminologia, não é de surpreender que os criminologistas tenham desvalorizado os métodos e teorias utilizados. Para Reppetto, o ceticismo dos criminologistas em relação ao CPTED é aceitável a nível teórico, mas é diferente ignorar simplesmente os seus possíveis resultados políticos (Cozens, 2008).

Melenhorst (2012), no seu trabalho, observou que existem alguns académicos em criminologia, planeamento urbano, geografia humana e ciências sociais que defendem as limitações inerentes ao determinismo físico do CPTED. Afirma ainda que a despolitização da prevenção da criminalidade ambiental; o imperialismo neoliberal do design e do planeamento globais; a auto-legitimação do "perito"; a indeterminação da previsão do perigo e as limitações empíricas do infrator "racional"; bem como a "fortaleza" que pode resultar do uso excessivo do CPTED. Entre os "opositores" do CPTED, de acordo com Hills (2014), encontram-se aqueles que entendem que as suas estratégias visam atingir ou marginalizar grupos como os jovens ou os grupos indígenas, os sem-abrigo ou os desfavorecidos. Ramm (2014), um praticante de CPTED, acredita que a maioria das críticas contra a CPTED resulta da falta de educação adequada. Ramm (2014), um praticante do CPTED, considera que a maioria das críticas contra o CPTED resulta da falta de formação adequada. No entanto, Ramm (2014) acrescentou que qualquer noção baseada na expetativa de que a CPTED é uma panaceia para resolver todos os crimes é irrealista e está muito para além dos objectivos da CPTED.

Parick F. Parnaby é outro opositor notável do CPTED com base nos seus dois trabalhos de investigação de 2006 e 2007. Parnaby (2006) realizou um estudo canadiano sobre o CPTED, no qual 25 pessoas entrevistadas foram consideradas profissionais e apoiantes do modelo CPTED. Muitos dos que receberam a acreditação CPTED eram ex-policiais ou trabalhavam no sector da segurança privada. A análise efectuada por Parnaby pôs em causa os princípios orientadores do CPTED, sugerindo que os pressupostos eram algo simplistas. O estudo de Parnaby revelou que os profissionais do CPTED eram continuamente influenciados pela ideia de "perigo previsível", inferindo que, se uma área tivesse um ambiente inseguro ou defeitos identificáveis que não fossem corrigidos, a consequência levaria inevitavelmente a alguma forma de atividade criminosa. Parnaby (2006) observou, portanto, de forma crítica que (i) os profissionais do CPTED vêem a causa do crime de forma unidimensional devido à utilização de palavras como certeza (prevenção) em oposição a probabilidade (redução) ao prognosticar o crime, o que resulta no facto de o crime ser provocado por um ambiente mal concebido, tais métodos, segundo ele, podem levar a que outros programas sejam negligenciados; (ii) pensar desta forma separa as pessoas em dois grupos: cidadãos responsáveis e criminosos, e a separação entre pessoas "boas" e "más", segundo Parnaby, é provavelmente estabelecida em estereótipos sociais baseados no que as pessoas pensam sobre a raça, o estatuto socioeconómico e o género, através da exclusão de certos tipos de pessoas de certos bairros e (iii) profissionais do CPTED que seduzem os seus clientes para que se tornem associados voluntários, uma vez que fazem parecer que a gestão do risco é uma responsabilidade moral, cívica e ética do indivíduo, alegando que a segurança pessoal é também uma capacidade do indivíduo, o que, segundo ele, pode levar a estratégia ao vigilantismo. Parnaby (2007) debruçou-se principalmente sobre as dificuldades financeiras que o conceito e a teoria do CPTED podem colocar aos seus implementadores.

Clarke (2005), em resposta aos críticos da prevenção situacional do crime, cujos princípios estão incorporados no CPTED, identificou e abordou sete pontos a que se referiu como equívocos: excessivamente simplista e teórico; possibilidade de deslocar o crime e torná-lo pior; desviar a atenção das causas subjacentes do crime; o seu conservadorismo e abordagem de gestão do crime; promoção de uma sociedade egoísta e excludente; restrição da liberdade pessoal; e a sua tentativa de colocar todas as culpas na vítima. Identificou, entre outros, a "difusão de benefícios" como um antídoto para a deslocação do crime.

Outras críticas feitas ao CPTED incluem a ausência de coesão social nos bairros residenciais; a ausência de resultados a longo prazo, a maior parte dos bairros construídos não foram planeados tendo em conta o CPTED e a sua alteração seria dispendiosa, se fosse possível; a deslocação do crime enfraquece a sua eficácia geral; a sua resistência à mudança; a falta de reconhecimento adequado do CPTED por parte dos projectistas ambientais, dos gestores de terras e dos membros individuais da comunidade, o que exige programas educativos comunitários; a controvérsia sobre a utilização de "Designing" out crime, se significa exclusivamente "termo arquitetónico e de planeamento" ou "eliminar"; o CPTED parece ser discriminatório, uma vez que conceitos como gated community e secured by design, embora por vezes mencionados, ainda não foram incorporados como parte do CPTED (Casteel e Peek-Asa, 2000; Moffat, 1983; Robinson e Mathew, 1996; O'Grady, 2011; Foucault, (1988); Flvberg e Richardson, 2002; Nussbaum, 2010; Marzbali & Abdullah & Rasak & Talaki, 2011).

CPSD - Existe literatura suficiente para apoiar o facto de a abordagem CPSD não ser um conceito completamente novo, embora possa não ser assim designada em diferentes países ou sociedades, e ser conhecida pela sua capacidade de abordar as causas profundas da criminalidade, reforçando a integração da comunidade, sendo relativamente mais barata em comparação com a CPTED e mais fiável e realista (Waller e Weiler, 1985; Hastings, 2007; Canadian Center for Initiatives on Children, Youth, and Community, 2007). O PNUD (2002) apoiou e recomendou o CPSD como a principal abordagem de prevenção da criminalidade devido à sua tendência para integrar as comunidades na área da segurança e do desenvolvimento. De acordo com Waller e Weiler (1985), foram atribuídos quatro factores ao estudo da CPSD. Estes incluem o facto de a redução da criminalidade diminuir o medo do público em relação à criminalidade e o número de vítimas de crimes; embora a polícia, os tribunais e os serviços de correção tentem controlar a criminalidade, o seu alcance para uma maior redução da criminalidade, utilizando os seus métodos tradicionais, é limitado; embora a redução de oportunidades possa deslocar a criminalidade e reduzi-la a curto prazo, pode não reduzir a criminalidade a longo prazo; e que muitos factores regularmente ligados à criminalidade por estudos longitudinais podem ser manipulados pelo desenvolvimento social.

No entanto, apesar dos pontos fortes acima referidos, os estudos de investigação mostram que o conceito de prevenção da criminalidade do CPSD ainda é deficiente em muitos aspectos. Por exemplo, Crawford (1999) observou que, devido ao facto de o CPSD ser tão "elástico", é suscetível ao perigo de se tornar demasiado difuso - ou demasiado dominante - no âmbito da política social. Esta preocupação, alertou ele, postula a necessidade de clarificar as teorias por detrás do CPSD; o apelo para definir a sua extensão de impacto e iluminar os limites, pontes e relações entre a prevenção do crime e as políticas e programas sociais. A um nível prático, também se refere à necessidade de os intervenientes de todas as disciplinas e sectores criarem novas formas de trabalhar em conjunto. As parcerias inter-sectoriais, por exemplo, podem produzir novas formas de abordar a prevenção da criminalidade, mas estas parcerias também podem colocar desafios à medida que novas relações de trabalho são postas em prática (Torjman, 1998).

Hastings (2007) identificou as seguintes áreas cinzentas para a aplicação efectiva do conceito de CPSD: as consequências do CPSD são a jusante, a longo prazo e difíceis de medir; uma série de factores fundamentais estão relacionados com a sustentabilidade das iniciativas CPSD a nível comunitário, que têm a ver com a forma como as comunidades se reúnem, se organizam e respondem às questões que lhes dizem respeito, mas as estruturas necessárias, como a confiança, a unidade e a integridade, são muito difíceis de manter. Além disso, Hastings e Jamieson (2002) consideram que o processo necessário para educar as pessoas sobre a eficácia do CPSD, de modo a produzir um resultado significativo e esperado, pode ser muito longo.

Kurt (2011) também argumentou que a teoria da intervenção social não é eficiente como meio de prevenção da criminalidade, uma vez que cada bairro é diferente e exigiria o seu próprio programa adaptado a esse bairro. Consequentemente, o apoio contínuo e os custos para o manter em funcionamento em termos de financiamento e organização necessária ao longo do ano tornam esta abordagem uma das mais dispendiosas de implementar. Também já foi referido anteriormente, relativamente ao conceito de CPSD, que a maioria dos seus factores de risco, por exemplo, pobreza, falta de habitação, etc., são muito difíceis de medir (Canadian Center for Initiatives on Children Youth and Community, 2007)

5. CONCLUSÃO

No passado, foram feitos esforços para analisar os conceitos e princípios do CPTED e do CPSD. No entanto, os estudos revelam que, apesar de terem sido realizados mais trabalhos de investigação académica sobre o CPTED do que sobre o CPSD e de o volume de aplicação global ser maior, é necessário reafirmar que os dois conceitos ainda carecem de grandes oportunidades de investigação e aperfeiçoamento. Por exemplo, Kushmuk e Whittemore (1981) concluíram que o CPTED parece ter sido bem sucedido na introdução de mudanças concretas e duradouras no ambiente físico e social. Os resultados sugerem que foi mais bem sucedido na melhoria do controlo de acesso e da vigilância da zona. No entanto, não foi tão bem sucedido na produção de mudanças prováveis no ambiente social, uma vez que o bairro residencial não apresenta um elevado grau de coesão social.

É necessário reconhecer que o CPSD é um campo de estudo académico relativamente jovem e que pode levar algum tempo a aprender a melhor forma de executar os princípios do CPSD e de produzir resultados. Parece haver muitos obstáculos indecisos nos esforços para identificar formas eficazes de abordar a multiplicidade de factores de risco ligados ao crime e à vitimização. Essencialmente, é necessária mais investigação e avaliação da eficácia do CPSD. Para funcionarem com integridade, os programas CPSD têm de dispor de meios adequados para fazer o que se propõem, incluindo políticas para orientar a execução do programa e para garantir a responsabilização pelos resultados. Assim, nas nações emergentes, os governos federal, estadual e local estão em melhor posição para ter impacto na redução da criminalidade através do CPSD devido à sua capacidade de elaborar políticas estratégicas e ao controlo dos meios necessários. É mais fácil para o governo atuar sobre as complicadas causas sociais subjacentes à criminalidade e ter um impacto a longo prazo sobre a criminalidade a vários níveis.

Foi nesta instância que este documento cunhou um quadro descrito como Prevenção do Crime através do Desenvolvimento Social e Ambiental (CPSED). O CPSED, como descrito anteriormente, é derivado do casamento concetual entre (CPSD) e (CPTED). Os dois conceitos foram certificados com sucesso como ferramentas de prevenção do crime por investigadores e nações industrializadas. A combinação é considerada igualmente adequada para as nações em desenvolvimento, uma vez que envolve as contribuições tanto do sector público (CPSD) como do privado (CPTED), concordando assim com o conceito de Parceria Público-Privada (PPP). Por conseguinte, é firme convicção deste documento que, se este quadro for tenazmente prosseguido, pode resolver os problemas de prevenção da criminalidade a curto e a longo prazo nos bairros residenciais.

A posição deste documento é solicitar mais investigação que se centre na integração dos dois conceitos para um melhor desempenho, uma vez que foi demonstrado neste estudo que o casamento concetual fortalecerá o fraco e vice-versa. Casteel e Peek-Asa (2000) afirmaram que as tácticas do fator social são mais viáveis quando incomodam menos o utilizador final e quando o processo de conceção ambiental se baseia nos esforços combinados de profissionais do ambiente, como designers, gestores de terras, activistas comunitários e profissionais da aplicação da lei. As estratégias previstas no CPTED não podem ser cumpridas sem a disponibilidade da comunidade para as integrar. Por conseguinte, é da responsabilidade de toda a vizinhança do local transformar o ambiente num local seguro para viver. Isto parece resumir o principal objetivo da CPSD, daí a necessidade do casamento concetual.

REFERÊNCIAS:

Aderinto, A. A. e Omotoso, O. (2012) Avaliar o desempenho das organizações de segurança privada empresarial na prevenção da criminalidade no Estado de Lagos, Nigéria. Jornal de Segurança Física 6(1) 73-90.

Agbola T. (1997) The Architecture of Fear: Urban Design and Construction Response to Urban Violence in Lagos, Nigeria. Relatório de Investigação, *IFRA*, Nigéria. http://www.openedition.org/6540.

Agunbiade, M. E. (2012) Land Administration for Housing Production. Tese de doutoramento inédita apresentada à Universidade de Melbourne, Austrália.

Angel, Schlomo. (1968). *Desencorajar o crime através do planeamento urbano*. (Paper No. 75). Berkeley, CA: Centro de Investigação em Planeamento e Desenvolvimento, Universidade da Califórnia em Berkeley.

Armitage R. (2013) Crime Prevention Through Housing Design. Crime Prevention and Security Management Series. Palgrave Macmillan, Hampshire RG21 6XS, Inglaterra.

Armitage R. (1999) An Evaluation of Secured by Design Housing Schemes Throughout the West Yorkshire Area. Huddersfield, U.K. University of Huddersfield.

Atkinson, R., & Smith, O. (2012). Uma economia de falsos títulos? An analysis of murders inside gated residential developments in the United States [Uma análise de homicídios em condomínios fechados nos Estados Unidos]. *Crime, Media, Culture, 8*(2), 161-172.

Bottoms, A. e Wales, P. (1988) Crime and Housing Policy: A framework for Crime Prevention: In T. Hope and M. Shaw (eds) *Community and Crime Reduction*, London. HMSO.

Brantingham, P. J., & Brantingham, P. L. (Eds.). (1981). *Environmental criminology* (pp. 27-54). Beverly Hills, CA: Sage Publications.

Brantingham, P. J., & Faust, E. (1976) "A concetual Model of Crime Prevention". Crime Delinquency, 22: 284-296.

Casteel, C e Peek-Asa.C. 2000. "Effectiveness of crime prevention through environmental design (CPTED) in reducing robberies." American Journal of Preventive Medicine 18(4S): 99-115.

Chaskin, R.J.(2001) Building Community Capacity: A Definitional Framework and Case Studies from a Comprehensive Community Initiative. Urban Affairs Review, 36(3) pp 699-717

Canadian Center for Initiatives on Children, Youth, and Community, (2007) Safety and Savings: Crime Prevention Through Social Deveolpment. Factsheet. http://www.phac-aspc.gc.ca/ncfv-cnivf/familyviolence/html (acedido em 14 de dezembro de 2014).

Clancey, G., Lee, M., & Fisher, D. (2012). Prevenção do crime através do design ambiental (CPTED) e as directrizes de avaliação do risco de crime de New South Wales: Uma revisão crítica. *Prevenção do crime e segurança comunitária, 14* (1), 1-15.

Clarke, R. V. (2005) " Seven misconceptions of situational crime prevention" (From handbook of crime prevention and community safety pp. 39-70, 2005, Nick Tilley, ed- NCJ - 214069).

Clarke, R. V. (1989) Theoretical Background to Crime Prevention Through Environmental Design (CPTED) and Situational Prevention. Documento apresentado na conferência Designing Out Crime: Crime Prevention Through Environmental Design (CPTED), organizado pelo Australian Institute of Criminology e pela NRMA Insurance e realizado no Hilton Hotel, Sydney, de 16 a 19 de junho.

Cozens, P. M. e Davies, T. (2013) 'Crime and Residential Security Shutters in an Australian Suburb: Exploring Perceptions of "eyes on the Street". Interação social e segurança pessoal. *Prevenção do crime e segurança comunitária*: An International Journal 15 (3): 175-191.

Cozens P. M. and Hillier, D. (2012) "A Review and Discussion of the History and Development of Defensible Space into the 21ˢᵗ Century" In The International Encyclopaedia of Housing and Home, (eds) Smith, S. J.; Elsinga, M; Fox-O'Mahony, L.; Ong, S. E. and Wachter, S.: Montserrat Pareja Eastway, 300-306, Oxford: Elseview.

Cozens, P. M. (2008) 'Crime Prevention Through Environmental Design' In: Environmental Criminology and Crime Analysis, (eds) Richard Wortley e Lorraine Mazerolle, 153-194, Devon, UK.

Crawford, A. (1999) Crime Prevention and Community Safety: Policies, Policies and Practices. London: Longman pp 121-122.

Crowe, T. D. (2000). *Prevenção da criminalidade através da conceção ambiental: Applications of architectural design and space management concepts*. Revisto por Lawrence J. Fennelly. Butterworth-Heinemann. Primeira edição em 1991.

Crowe T. (1991) Crime Prevention Through Environmental Design: Application of Architectural Design and Space Management Concepts, Butterworth-Heinemann, páginas 34-35.

Cullen, J. B., & Levitt, S. D. (1999).Crime, urban flight, and the consequences for cities. *Review of economics and statistics, 81* (2), 159-169.

Dugan, L. (1999). The effect of criminal victimization on a household's moving decision* (O efeito da vitimização criminal na decisão de mudança de um agregado familiar). *Criminology, 37*(4), 903930.

Ekblom, P. (2011). *Crime prevention, security and community safety using the 5Is framework (Prevenção do crime e gestão da segurança)*. Basingstoke: Palgrave Macmillian. OpenURL.

Foucault, M. (1988). A ética do cuidado de si como prática da liberdade. Em The FinalFoucault, eds. J. Bernauer e D. Rasmussen. Cambridge, Massachusetts: MIT Press.

Flyvbjerg, B., Richardson, T., Allmendinger, I. P., & Tewdwr-Jones, M. (2002). Planeamento e Foucault. *Planning futures: New directions for planning theory*, 44-63.

Grabosky P (1995) Burglary prevention. Trends & Issues in Crime and Criminal Justice no. 49. Camberra: Instituto Australiano de Criminologia. http://www.aic.gov. au/documents/3 /5/D/%7B35D86CDD-F1C5-4F1B-BC85-378662CF6930%7Dti49.pdf

Hastings, R. (2007) Crime Prevention Through Social Development and Canadian Communities: Coalition On Community Safety, Health and Well-being. Institute for the Prevention of Crime, University Of Ottawa. *www.prevention-crime.ca.*

Hastings R. e Jamieson W. (2002) Community Action For Crime Prevention. Institute for the Prevention of Crime, University Of Ottawa. *www.prevention-crime.ca.*

Hills, J. (2014) 'Opponents of CPTED' Public Discussion on International CPTED Association (ICA). https://www.linkedin.com/groups/CPTED.Opponents. (Acedido em 15 de dezembro de 2014).

Ihlanfeldt, K., & Mayock, T. (2010). Panel data estimates of the effects of different types of crime on housing prices. *Regional Science and Urban Economics, 40*(2), 161-172.

Jacobs, Jane. (1961). *The Death and Life of Great American Cities*. New York: Random House.

Jargowsky, P. A. (1996). Para além da esquina da rua: The hidden diversity of high-poverty neighborhoods. *Urban Geography, 17*(7), 579-603.

Jeffery, C. R. (1971). *Crime Prevention Through Environmental Design*. Beverly Hills, CA: Sage Publications.

Jeffery, C. R. (1990). *Criminology: An Interdisciplinary Approach*. Englewood Cliffs, NJ: Prentice-Hall.

Koper, C. S. (2010) *Assessing Police Efforts to Reduce Gun Crime: Resultado de um inquérito nacional*. Centro de Política Criminal Baseada em Evidências, Departamento de Criminologia, Direito e Sociedade, Universidade George Manson.

Kurt, A. (2011) Comparar e contrastar três modelos de prevenção da criminalidade: Destacando as diferentes perspetivas sobre a causalidade do crime inerentes à análise. Segurança Inteligência Policiamento Ciências Sociais. Relatório de Estudo.

Kushmuk, J. e Whittemore S. L. (1981) A Re-Evaluation of Crime Prevention Through Environmental Design Program in Portland, Oregon. Sumário Executivo. Departamento de Justiça dos EUA. Instituto Nacional de Justiça.

Low, S. M. (2003). *Behind the gates: Life, security, and the pursuit of happiness in fortress America (Vida, segurança e a busca da felicidade na fortaleza americana)* (Vol. 35). Nova Iorque: Routledge.

Massey, D. S. & Denton, N. A. (1993) American apartheid: Segregation and the making of the underclass.Cambridge, MA: Harvard University Press; 1993.

Mawby, R. I. (1977). Defensive Space: A Theoretical and Empirical Appraisal. *Urban Studies, 14*(2), 169-179.

Melenhorst, P. (2012) Designing out crime in Botswana: the alignment of community perceptions of crime with CPTED principles in a non-western context. Tese de mestrado apresentada ao Departamento de Planeamento Urbano e Regional da Universidade de Tecnologia de Curtin, Melbourne.

Mesko, B. D. G. e Helmut, K. (2002) Crime Policy, Crime Control and Crime Prevention - Slovenian Prespectives. Faculdade de Justiça Criminal e Segurança, Universidade de Maribo, Eslovénia. pp.253-282.

Moffat, R. (1983), "Crime prevention through environmental design - a management perspective", Canadian Journal of Criminology, Vol. 25 No. 4, pp. 19-31

Moreto W (2010) Risk factors of urban residential burglary. *RTM Insights* 4: 1-3.

Naroff, J. L., Hellman, D. & Skinner, D (1980) Estimates of the impact of crime on property values. Growth and Change, 11(4) pp 24-30.

Newman, Oscar. (1972). *Defensible Space: Crime Prevention Through Urban Design*. Nova Iorque: Macmillan.

Nussbaum, B. (2010) Humanitarian Design the New Imperialism? http://www.fastcodesign.com/1661859/is-humanitarian-design-the-new- imperialism (acedido em 14 de dezembro de 2014).

O'Grady, W. (2011). Crime no contexto canadiano: Debates and Controversies. (2ª ed.) ON: Oxford University Press.

Parnaby, P. (2006) Crime Prevention through Environmental Design: Discursos de Risco, Controlo Social e um Contexto Neoliberal. In Canadian Journal of Criminology and Criminal Justice, 48(1):1- 29 http://muse.jhu.edu/journals/ccj/summary/v048/48.1parnaby.html (acedido em 14 de dezembro de 2014).

Parnaby, P. (2007) Crime prevention through environmental design: financial hardship, the dynamics of power and the prospects of governance. In Crime Law Society Change 48: 73-85http://www.springerlink.com.dbgw.lis.curtin.edu.au/content/ (acedido em 14 de dezembro de 2014).

Ramm, B. (2014) 'Opponents of CPTED' Public Discussion on International CPTED Association (ICA). https://www.linkedin.com/groups/CPTED.Opponents. (Acedido em 15 de dezembro de 2014).

Ratcliffe, J. (2001) Policing urban burglary. Trends & Issues in Crime and Criminal Justice no. 213. http://www.aic.gov.au/publications/current%20series/tandi/201-220/tandi213.aspx.

Pery, M. (2013) Prevenção do crime através do design ambiental: *Prefácio* no Livro de TM Crowe, Revisto por Fennelly, L. J. 3rd Edição . Catálogo da Biblioteca Britânica, EUA.

Reppetto T. (1976) Crime Prevention Through Environmental Policy - A critique. *American Behavioral Scientist,* 20: 275-88.

Rosenbaum, D. P., Lurigio, A. J., & Davis, R. C. (1998). *The prevention of crime: Social and situational strategies.* West/Wadsworth Pub.

Saville, G., & Cleveland, G. (2008). CPTED de segunda geração: The rise and fall of opportunity theory. *21st Century Security and CPTED*, 79-90.

Schwartz, A. E., Susin, S., & Voicu, I. (2003). Has falling crime driven New York City's real estate boom? *Journal of Housing Research, 14*(1), 101-136.

Scottish Government Communities Analytical Services (2010) A Thematic Review of Literature on the Relationship Between Neighbourhoods, Housing and Crime. Série de Documentos Analíticos

Shaftoe, H., & Read, T. (2005). Planning Out Crime: A aplicação da ciência ou um ato de fé? In: Tilley, N., ed. (**2005**) Handbook for Crime prevention and Community Safety. Willan Publishing. Pp 248

Sherman, L. W. (1997). Comunidades e prevenção do crime. *Sherman, LW.* https://www.ncjrs.gov/works/chapter3.htm.

Sherman L. W., Gottfredson, D., MacKenzie, D., Eck, J., Reuter, P., & Bushway, S. (1997).*Preventing crime: What works, what doesn't, what's promising: Um relatório para o Congresso dos Estados Unidos*. Washington, DC: Departamento de Justiça dos EUA, Gabinete de Programas de Justiça.

Smith S. (1987) 'Designing Against Crime?' Beyond the Rhetoric of Residential Crime Prevention. Property Management 5: 146-150.

Smith S. (1986) 'Utopian On Trial: Vision and Reality of Planned Housing" (Visão e Realidade da Habitação Planeada): Urban Studies 23: 244-246.

Sutton, A., Cherney, A., & White, R. (2013). *Prevenção do crime: princípios, perspetivas e práticas*. Cambridge University Press.

Tita, G. E., Petras, T. L., & Greenbaum, R. T. (2006). Crime and residential choice: a neighborhood level analysis of the impact of crime on housing prices. *Journal of Quantitative Criminology, 22*(4), 299-317.

The John Howard Society of Alberta (1995) Crime Prevention Through Social Development: A Literature Review. Investigação financiada pelo governo, www.johnhoward.ab.ca/pub/pdf/C6.pdf

Torjman, S. (1998) Partnership: The Good, The Bad and The Uncertain, Ottawa: Instituto Caledon.

Van Dijk J & de Waard J (1991) A two dimensional typology of crime prevention projects: Com uma bibliografia. *Criminal Justice Abstracts* 23: 483-503.

Waller, I. e Weiler, D. (1985) Crime Prevention Through Social Development: Ottawa: Conselho Canadiano de Desenvolvimento Social.

Weatherbum, D. (2003) 'Long arm of the law comes up short with blacks', *Sydney Morning Herald*, 15 de outubro.

Wellings H. (1989) *Consumers and Residential Security.* Documento apresentado na conferência Designing Out Crime: Crime Prevention Through Environmental Design (CPTED) convocado pelo Australian Institute of Criminology e NRMA Insurance e realizado no Hilton Hotel, Sydney, 16 de junho de 1989.

Wilson P. R. (1989) *Crime and Crime Prevention*. Documento apresentado na conferência Designing Out Crime: Crime Prevention Through Environmental Design (CPTED) convocado pelo Australian Institute of Criminology e NRMA Insurance e realizado no Hilton Hotel, Sydney, 16 de junho de 1989.

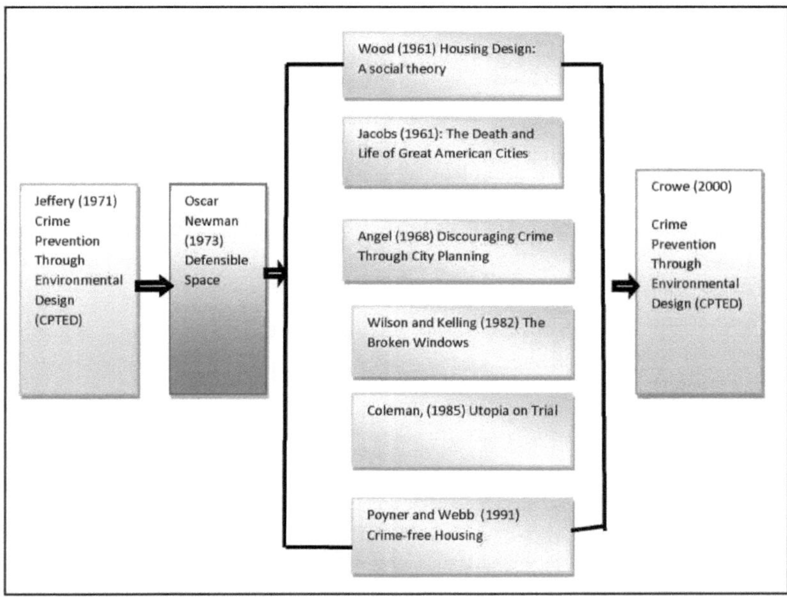

Figura 1: Evolução cronológica do CPTED

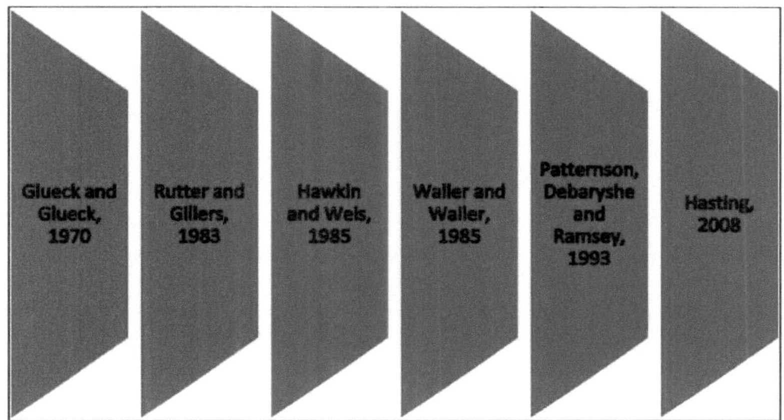

Figura 2 TENDÊNCIA EVOLUTIVA DO MODELO DE DESENVOLVIMENTO SOCIAL

Quadro 2.5: Análise dos pontos fortes e fracos do CPTED e do CPSD e dos pontos fortes da sua fusão

Crime Prevention Through Environmental Design (CPTED)		Crime Prevention Through Social Development (CPSD)		Crime Prevention Through Social and Environmental Development (CPSED)
Strengths	Weaknesses	Strength	Weaknesses	Benefits of the Merger
*Widely tested and proven	*CPTED mostly results in crime displacement, hence can only reduce crime for a short period of time.	*Ability to address root causes of crime.	*It is not good for short term policies and implementations	*It brings to the fore the role of both the private and Public in crime prevention
*The impact can be felt within short period of time.	*Absence of social cohesion	*Many factors linked to crime by longitudinal studies are influenced by social development	*Structures needed for its sustainability like integrity, trust and unity are not easy to come by.	*It enjoys the strength of both thereby discarding their weaknesses
*It has recorded high level of research and government support	*Confident use of terms like 'defensible Space'. 'natural surveillance', and 'symbolic barrier' – as if they are scientifically proven	*United Nations scoring it high as a reliable crime prevention approach for community integration.	*Time needed to educate the public about the programme for it to yield result is considerably long.	*A search into the literature reveals that no study has been done in this direction, hence a gap in knowledge is bridged
*The mechanism is simple and direct.	*It required huge capital outlay by the developer.	*It is relatively cheaper to implement.	*Its elasticity makes it becoming too diffused or too dominant – within social policies	
*If fully implemented, it will reduce government spending in policing, and other judicial matters.	*Only applicable to a newly planned neighbourhood(s).	*It enhances community integration	*The need for intersectoral or interdisciplinary partnerships which may be difficult to establish.	
	*Its resistance to change.	*Wider coverage of application. It can be applied to both developed and planned neighbourhoods	*Difficulty involved in measuring some risk factors like poverty, unemployment, etc.	
	*Individualising security makes the approach more of vigilantism.		*Socio-Cultural factors peculiar to different communities	
	*Danger in overstating its impact and slipping into a design determinist philosophy.			

Capítulo 4

SEGURANÇA E POLICIAMENTO DE BAIRROS RESIDENCIAIS: COMO É QUE ISSO ACONTECEU?

RESUMO:

Desde a era da civilização, a polícia (formal e informal) tem sido vista como a guardiã predominante da segurança da vida e das propriedades, tanto dentro como fora de casa. No entanto, esta grande expetativa parece ter um efeito questionável. Este artigo, portanto, centra-se na conveniência do método tradicional de controlo e vigilância do crime de bairro - o policiamento. Não obstante a relevância da polícia no controlo da criminalidade de bairro, existe literatura abundante que sustenta o facto de que o aumento da força numérica da polícia, a construção de mais tribunais e a nomeação de mais juízes ou a construção de mais prisões podem não ser uma cura eficaz para a criminalidade de bairro. Na sequência desta constatação, este trabalho de investigação tenta recomendar o casamento concetual da Prevenção da Criminalidade através da Conceção Ambiental (CPTED) e da Prevenção da Criminalidade através do Desenvolvimento Social (CPSD) para fazer nascer a Prevenção da Criminalidade através do Desenvolvimento Social e Ambiental (CPSED) como uma melhor alternativa ao sistema penal. Recomenda-se também uma investigação futura sobre CPSD e CPTED para promover a habitação e a sustentabilidade ambiental.

PALAVRAS-CHAVE: Criminalidade nos bairros, desempenho da polícia, CPTED, CPSD, CPSED.

I. INTRODUÇÃO

Um dos males sociais da urbanização e da industrialização é a criminalidade e a desordem social. Em resposta a esta situação, foram criados departamentos de polícia em diferentes países para recrutar e formar pessoal para controlar ou prevenir a criminalidade. A criminalidade contra a propriedade ou a vizinhança, que se manifesta sob a forma de roubo, vandalismo, violação e mesmo homicídio, é considerada crucial devido às implicações físicas, económicas e para a saúde dos residentes. Além disso, sabe-se que a vizinhança residencial é suscetível a estas formas de crime devido ao facto de a maior parte dos valores pessoais e familiares serem guardados em casa e de, na maioria das vezes, as casas estarem desertas, uma vez que os residentes vão para o trabalho, a escola, o mercado, o local de culto e até mesmo para o recreio, tornando assim as suas casas um alvo de ataque para potenciais criminosos. Na maioria dos países desenvolvidos, como os Estados Unidos e o Reino Unido, são formados esquadrões especiais de polícia anti-crime para manter a paz nos bairros residenciais (Skogan, 1997; Cordner, 2014; MacKenzie e Henry, 2013). Isto é frequentemente designado por policiamento comunitário. Na maioria dos países em desenvolvimento, esta disposição especial não é comum, provavelmente devido ao custo adicional que representaria para o orçamento do governo, uma vez que a maioria destas nações regista um elevado nível de pobreza, enquanto algumas são resultado da ignorância e da corrupção (Fabiyi, 2006). No entanto, a preocupação aqui é que, mesmo com o clamor para o aumento da força numérica da força policial nacional, a tendência crescente do crime contra a propriedade parece inabalável (Weisburd e Eck, 2004; Ladicola, 1986). A grande questão é: será que isto acontece em resultado da ineficiência da polícia ou é necessário procurar uma estratégia adicional? Esta questão, entre outras, constitui o objetivo do presente documento no que diz respeito à literatura relevante.

Nos últimos anos, tem havido um interesse renovado na utilização de organizações comunitárias como veículos de controlo do crime convencional. Este interesse renovado, de acordo com Ladicola (1986), desenvolveu-se principalmente como resultado de três factores: um, o efeito da crise fiscal do estado nos orçamentos dos departamentos de polícia, e os interesses da polícia na passagem de crimes do tipo incómodo (chamadas de perturbação, problemas domésticos, etc.) que interferem com o trabalho policial "mais importante"; em segundo lugar, o interesse crescente da polícia em usar os "olhos e ouvidos" dos residentes para os ajudar a servir de dissuasor, quer reduzindo as oportunidades de crime, quer aumentando a certeza de resposta ao crime; e, por último, a presença de organizações comunitárias (muitas formadas como parte da estratégia do governo federal para combater a pobreza durante o final da década de 1960) que já estavam envolvidas no controlo do crime nos seus bairros. Hoje em dia, segundo ele, estas organizações são designadas por diferentes nomes, tais como vigilância de bairro, vigilantes, integração comunitária, entre outros.

Essencialmente, não é raro ouvir a pergunta: "De quem é a responsabilidade de reduzir o medo do crime - cidadão, polícia ou governo? Na investigação longitudinal de Renauer (2007), argumentou-se que os resultados indicavam que tanto o controlo social informal, como a coesão social, como o controlo social formal - medo do encontro com a polícia e eficácia da polícia - explicam o medo emocional do crime (Trojanowicz e Carter, 1988). Noutro ângulo, os investigadores têm argumentado, de forma consensual, que a principal responsabilidade da polícia é manter a paz e a ordem e não necessariamente combater o crime (Sherman e Eck, 2002; 1997; Clarke, 1992; Wilson, 1989). A posição destes estudiosos não é minar a relevância da polícia, mas sim realçar o facto de que deveriam ter sido tomadas medidas razoáveis para evitar que os potenciais infractores tenham a oportunidade de vitimar - isto eles acreditam que é possível através da implementação da prevenção do crime situacional, das teorias da oportunidade do crime, bem como da prevenção do crime através de factores sociais e do design ambiental (Clarke, 1992; Armitage, 2013)

Ao longo dos anos, tornou-se opinião pública que a polícia é corrupta. No entanto, o grau de corrupção difere consoante as leis orientadoras ou regulamentares de um país para outro. Este facto também tem sido descrito como um grande obstáculo à eficiência da polícia. Punch (2000) acredita que a corrupção policial não é uma irregularidade individual de natureza incidental que pode ser prontamente combatida com medidas temporárias e severas. Ele sublinhou que 'o novo realismo' sobre isto sustenta que a corrupção e a má conduta policial são perigos persistentes e constantemente recorrentes gerados dentro do sistema.

Continuou, salientando a necessidade de combater o problema e de promover a integridade no seio da profissão através de uma liderança forte, de uma estratégia organizacional multifacetada, de uma unidade de assuntos internos com bons recursos, de técnicas de investigação pró-activas, do pagamento de um salário digno e de esforços persistentes para promover o nível profissional, pois acredita que uma polícia "limpa" é um barómetro crucial de uma sociedade saudável.

Na sequência do que precede, a intenção do presente documento é analisar cuidadosamente a eficácia, a eficiência e, provavelmente, a conveniência da polícia e dos seus aliados na prevenção e/ou controlo da criminalidade em bairros residenciais, com vista a analisar outras possibilidades, caso se considere que a polícia não é totalmente capaz de prevenir a criminalidade em edifícios residenciais. A parte restante do documento aborda ainda a tipologia das técnicas de prevenção da criminalidade, as estratégias de policiamento de proximidade (policiamento de pontos quentes, cartografia da criminalidade, vigilância de proximidade, vigilantismo e segurança desde a conceção), a avaliação da qualidade do serviço policial, a polícia e a criminalidade de proximidade, o custo do policiamento de proximidade, a conclusão e a recomendação.

II. TIPOLOGIA DA PREVENÇÃO DA CRIMINALIDADE DE PROXIMIDADE

Os estudos demonstraram que o controlo ou a prevenção da criminalidade de bairro tem tomado diferentes medidas ao longo dos anos (Fallshore et. al, 2007; Crowe, 2000; Hastings, 2007). Para efeitos da presente investigação, através da análise da literatura, estas medidas podem ser divididas em duas: medidas tradicionais e medidas convencionais. Por medidas tradicionais, entendemos o uso da polícia ou de outros órgãos de aplicação da lei, enquanto as medidas convencionais estão relacionadas com as teorias de prevenção da criminalidade, que incluem a Prevenção da Criminalidade através da Conceção Ambiental (CPTED) e a Prevenção da Criminalidade através do Desenvolvimento Social (CPSD). Os métodos tradicionais podem ainda ser divididos em medidas formais (recurso à polícia), semi-formais (recurso a unidades de segurança privadas que são normalmente constituídas por polícias reformados e outros agentes para-militares) e informais (recurso à vigilância de bairros, vigilantes e coesão comunitária). O CPTED está relacionado com todas as teorias que apoiam a utilização da conceção para desencorajar todas as oportunidades de o potencial infrator cometer um crime. Isto inclui teorias como as das janelas partidas, do espaço defensável, da prevenção situacional do crime, da teoria da oportunidade do crime e dos condomínios fechados, para referir apenas algumas. A Prevenção do Crime através do Desenvolvimento Social (CPSD) baseia-se no princípio e na crença de que quando os factores de risco social, como a pobreza, os sem-abrigo, o desemprego, o analfabetismo, os acidentes familiares, os maus grupos de pares e outros, são bem tratados, o crime é minimizado, se não mesmo evitado. A figura 1 abaixo ilustra melhor esta situação. A análise mostra também que apenas o método tradicional foi adotado a nível mundial, enquanto os métodos convencionais são praticados sobretudo em países desenvolvidos e emergentes (Melenhorst, 2012).

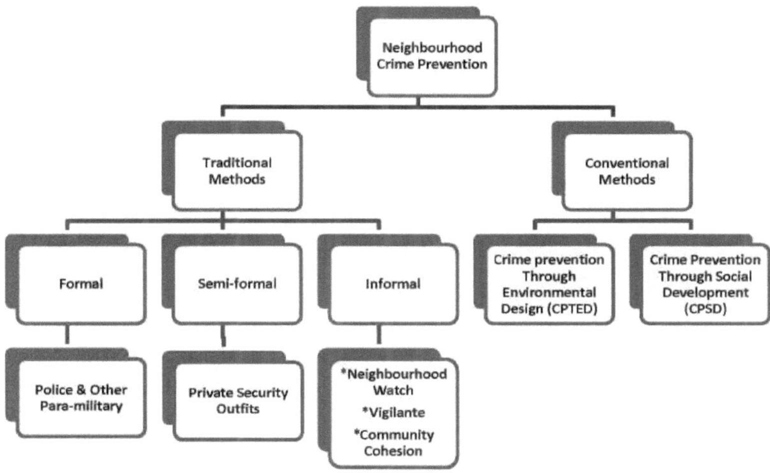

Figura 1 Tipologia das técnicas de prevenção da criminalidade de proximidade

III.   ESTRATÉGIAS DE POLICIAMENTO DE PROXIMIDADE

POLICIAMENTO DE PONTOS QUENTES

As iniciativas de policiamento de pontos quentes centram-se em pequenas áreas geográficas ou locais, geralmente em ambientes urbanos, onde o crime é contemplado (Braga et al. 2012). Embora não exista uma definição padrão para "pontos quentes", estes são geralmente considerados como "pequenos locais onde o fenómeno da infração é tão frequente que é altamente antecipado, pelo menos durante o período de um ano". (Braga, et.al, 2014). De acordo com eles, através de estratégias de policiamento de pontos quentes, as agências de aplicação da lei podem concentrar recursos limitados em áreas onde a vitimização é mais provável de ocorrer. O apelo de concentrar recursos escassos num pequeno número de áreas de crime de alta atividade baseia-se na crença de que, se o crime puder ser evitado nesses pontos quentes, o crime total em toda a cidade também poderá ser reduzido. As unidades de avaliação no policiamento de pontos quentes variam em proporção. As áreas de pontos quentes podem incluir unidades de análise muito pequenas, tais como segmentos de rua ou endereços, faces de quarteirão ou edifícios, ou unidades maiores, tais como grupos de endereços. Há também várias técnicas de mapeamento de crime (usando pacotes de software como ArcGIS) que podem ser usadas para distinguir e experimentar pontos quentes de crime. Não existe um padrão definido para classificar e definir pontos quentes de criminalidade; em vez disso, uma combinação de tecnologia e experiência de analista de crime (policial) contribui para o processo de mapeamento e direcionamento (Eck, et al. 2005).

O trabalho avançado no policiamento de pontos quentes é em parte uma resposta às mudanças e inovações no policiamento que ocorreram nos últimos anos e ao surgimento de perspectivas teóricas na criminologia que sugerem a importância do "lugar" na compreensão do crime. A investigação de que a distribuição do crime varia dentro dos bairros e não é distribuída de forma equitativa entre as áreas tem subsistido durante algum tempo (Braga et al. 2012). Essencialmente, três perspectivas teóricas relacionadas influenciaram o estudo da criminalidade baseada no local: a teoria dos padrões de criminalidade (Brantingham e Brantingham, 1991), a teoria da escolha racional (Cornish e Clarke 1987) e a teoria da atividade rotineira (Cohen e Felson 1979).

Comentando sobre os componentes da prática, Koper et.al (2014) afirmam que o policiamento de hot spots depende principalmente de sistemas penais altamente focados. Uma representação visual da correlação entre a multifuncionalidade da estratégia de policiamento de pontos quentes e o seu nível de locus em comparação com outras tácticas de policiamento, como o policiamento orientado para a comunidade e o policiamento orientado para os problemas, pode ser encontrada em Weisburd e Eck (2004).

MAPEAMENTO DE CRIMES

Os crimes fazem parte das actividades humanas; por isso, a sua disseminação pelo cenário não é geograficamente aleatória. De acordo com Cohen e Felson (1979), para que os crimes ocorram, os infractores e os seus alvos - as vítimas e os bens - devem, durante um período, estar na mesma situação. Vários factores, desde a atração de potenciais vítimas até à simples conveniência geográfica para um infrator, influenciam o local onde as pessoas escolhem infringir a lei. Por conseguinte, a perceção de onde e por que razão ocorrem os crimes pode aumentar as tentativas de combate à criminalidade. Os mapas oferecem aos analistas criminais representações gráficas destas questões relacionadas com o crime. O mapeamento do crime pode ajudar a polícia a defender os cidadãos de forma mais eficiente nas áreas que serve (Singh et.al, 2012). Estes autores afirmam que mapas simples que mostram os locais onde ocorreram infracções ou concentrações de infracções podem ser utilizados para ajudar a direcionar as patrulhas para as áreas onde são mais necessárias. "Os decisores políticos dos departamentos de polícia podem utilizar mapas mais complexos para observar tendências na atividade criminosa, e os mapas podem revelar-se úteis na resolução de casos criminais", acrescentam. Por exemplo, os detectives podem utilizar os mapas para compreender melhor os padrões de caça dos criminosos em série e para fazer hipóteses sobre o local onde esses criminosos poderão viver. A utilização de mapas que ajudam as pessoas a visualizar os aspectos geográficos do crime, concordam, não se limita à aplicação da lei, uma vez que a cartografia pode também fornecer informações específicas sobre o crime e o comportamento criminoso ao público em geral, aos políticos e à imprensa. Na mesma linha, Chainey e Tompson (2012) afirmaram que alguns dos mapas mais úteis para as pessoas que vigiam e investigam crimes mostram simplesmente onde os incidentes ocorreram. Chainey e Tompson acrescentaram que, antes dos recentes avanços tecnológicos, a polícia normalmente colocava alfinetes em mapas de parede para investigar a distribuição espacial dos locais dos crimes. No entanto, o software moderno de sistemas de informação geográfica (SIG) permite que a polícia produza mapas electrónicos mais adaptáveis, consolidando as suas bases de dados de locais de crimes comunicados com mapas digitalizados das áreas que servem (Koper, et.al., 2014).

Ferguson (2011) acredita que o mesmo software de SIG usado para mapear situações de crime também pode ser usado para avaliar valores de densidade de crime, como o número de crimes por milha quadrada. Esses valores de densidade, segundo ele, podem ser usados para produzir um mapa coroplético, que usa cores para representar variedades de valores entre unidades de terra dentro da área de estudo, como delegacias de polícia, distritos eleitorais da cidade ou setores censitários. Ele explicou ainda que os mapas de densidade oferecem ao utilizador do mapa uma melhor visão dos locais de ocorrência de crimes sem que ele tenha que interpretar um grande número de locais individuais.

De acordo com Mamalian e LaVigne (1999), a tecnologia de mapeamento de crime computadorizado permite que o Departamento de Polícia analise e correlacione fontes de dados para criar um instantâneo abrangente de ocorrências de crime e fatores relacionados dentro de uma área geográfica. A investigação sobre esta tecnologia na comunidade de aplicação da lei parece estar a ganhar impulso, mas até recentemente não existiam dados sistemáticos sobre o seu volume de utilização. Koper, et. al. (2014) defendem a otimização da utilização da tecnologia no policiamento como forma de promover a eficiência.

VIGILÂNCIA DE BAIRRO

No início dos anos 80, no Reino Unido, a vigilância de bairro era vista como uma atividade essencialmente policial (Laycock e Tilley, 1995). Segundo estes autores, as instruções da força, emitidas pela Polícia Metropolitana em junho de 1983, por exemplo, definem a vigilância de bairro como "principalmente uma rede de membros da comunidade com espírito público, que se apercebem do que se passa no seu próprio bairro e comunicam à polícia as actividades suspeitas". Acrescentam ainda que, em termos simples, os residentes tornam-se "os olhos e os ouvidos" da polícia, atentos ao habitual e ao invulgar para protegerem a sua casa e a dos seus co-residentes, diminuindo assim as oportunidades de atividade criminosa. "A comunidade torna-se um local seguro para viver e o medo do crime é reduzido", concluíram.

Esta definição tende a limitar a vigilância de bairro, considerando-a sobretudo como um contributo para as oportunidades de vigilância na comunidade. Está claramente implícito que haverá uma maior comunicação entre o público e a polícia nos aspectos do que foi observado ou descoberto.

No relatório da Unidade de Prevenção do Crime do Ministério do Interior publicado em 1988, Husain alargou esta definição: "A vigilância de bairro é concebida como uma atividade comunitária apoiada pela polícia local que visa diretamente o controlo da criminalidade. Implica que os residentes se tornem mais receptivos ao risco de crime e tomem medidas para defender os seus bens e os dos vizinhos. Essas acções podem incluir a marcação de propriedades, a denúncia de actividades duvidosas e a melhoria da segurança doméstica, o que reduz a oportunidade de cometer um crime e aumenta o risco de detenção". Não só a definição foi alargada de modo a incluir actividades para além da vigilância, como também a tónica passou de uma assistência do público à polícia para uma atividade de base comunitária apoiada pela polícia

Bennett (1990) também considera que a vigilância de bairro vai para além das funções de "olhos e ouvidos". Embora esta função seja considerada como um elemento-chave do serviço de vigilância de bairro. Bennett argumenta que, na medida em que pode reduzir a criminalidade, fá-lo-á conquistando as oportunidades de vitimização, alterando o equilíbrio entre custos e recompensas, tal como sentido pelos potenciais criminosos.

Laycock e Tilley (1995) analisam a vigilância de bairro a partir de uma outra dimensão, ou seja, um mecanismo através do qual pode revelar-se eficaz no controlo da criminalidade, como o aumento do potencial criado para pressões informais no sentido de não se comportar de forma antissocial. Este facto é considerado como legitimador do consenso comunitário para a introdução da vigilância de bairro. Além disso, afirmam que os membros do bairro podem ser vistos como funcionando independentemente da polícia, mas até certo ponto com e dentro da sua autoridade. No seu extremo, ponderam, as respostas informais da comunidade podem assumir a forma de vigilantismo, que não é encorajado na maioria dos países como o Reino Unido. De um modo geral, afirmam que a estrutura de vigilância de bairro é melhor na medida em que mantém ligações com a polícia e, consequentemente, pode reduzir o pior cenário de vigilantes.

VIGILANTISMO

Outra forma popular de a polícia se envolver no policiamento de proximidade é através do vigilantismo, especialmente quando é eficazmente regulado pela polícia. Isto tem ajudado muitos países a complementar o trabalho da polícia no controlo e/ou prevenção do crime (Fabiyi, 2006).

De acordo com Weisburn (1988), o vigilantismo tem sido um rótulo colocado em tantas situações diferentes ao longo dos séculos que nenhuma definição precisa pode cativar todos os seus elementos, e surgem necessariamente argumentos sobre a adequação de classificar algum grupo ou evento como um exemplo de vigilantismo. Acrescentou que os componentes essenciais que definem o vigilantismo são o facto de incorporar o seguinte uma reação social ao crime; uma resposta que envolve violência que excede o uso legítimo da força em acções de autodefesa tomadas por civis (quer como indivíduos, quer como membros de grupos clandestinos, multidões maciças ou movimentos de magnitude) em oposição a funcionários do governo; uma intenção de aplicar disciplina e dor para retaliar um erro anterior ou para dissuadir futuras condutas impróprias ou para incapacitar pessoas perigosas; um sentimento de que o recurso à força é necessário e justificável porque os agentes do governo não podem ou não querem fornecer proteção ou fazer cumprir a lei; e um reconhecimento de que as contramedidas empreendidas são ilegais, uma vez que os governos mantêm o monopólio do uso legítimo da força sob a forma de ação policial e militar (Johnston, 1996).

O vigilantismo americano surgiu basicamente como uma resposta da fronteira à intimidação e aos relatos de crimes. Os primeiros colonos que se mudaram para o Sul profundo e para o Velho Oeste não estavam protegidos por um sistema de justiça criminal. Não havia agências de aplicação da lei nem sessões de tribunal agendadas regularmente. Não havia cadeias ou prisões nas proximidades, nem vastos espaços abertos para onde os criminosos pudessem fugir dos seus alvos. Assim, na inexistência de qualquer sistema legal, de meios correccionais ou de dispositivos institucionais de reparação de danos, as vítimas e os seus aliados sentiam-se obrigados a localizar e a reunir periodicamente os fora da lei e a "fazer justiça pelas próprias mãos" (Madison, 1973; Brown, 1975).

Os comités de vigilância eram associações voluntárias de homens (raramente incluindo mulheres) que trabalhavam em conjunto para resistir a perigos genuínos, exagerados ou imaginários para os seus bairros, casas, pertences, privilégios ou poder. Estas organizações temporárias tinham normalmente autoridades formais, cadeias de comando estritamente definidas, estatutos escritos e rotinas paramilitares. A sua direção era normalmente constituída por elementos da elite da sociedade fronteiriça, incluindo empresários locais, proprietários de plantações, rancheiros, comerciantes e profissionais liberais. Os membros eram seleccionados entre os estratos médios. Os alvos da sua ira eram seleccionados entre as classes mais baixas e grupos insignificantes. Os vigilantes perseguiam, baniam, açoitavam, cobriam de alcatrão e penas, torturavam, mutilavam e matavam as suas vítimas (Madison, 1973; Brown, 1975).

Olaniyi (2005), nos resultados da sua investigação, sugere que a prevalência de grupos de vigilantes foi acelerada pelo colapso da segurança urbana, pela decadência da polícia e pela redução da provisão social por parte do Estado, num contexto de aumento do banditismo armado e da criminalidade.

O vigilantismo tornou-se uma caraterística endémica da paisagem social e política das nações em desenvolvimento. O aparecimento de guardas noturnos e grupos de vigilantes como respostas tradicionais ao roubo e ao assalto à mão armada tem uma longa e variada história na segurança global, como já foi referido. Independentemente dos efeitos negativos da utilização de vigilantes no controlo da criminalidade nos bairros, a sua popularidade a nível mundial suscita preocupações quanto à eficácia do policiamento formal (Sharp e Wilson, 2002; Argueta, 2012; Jensen, 2008; Kempa et.al., 1999; Minnaar e Ngoveni, 2004).

SEGURO DESDE A CONCEPÇÃO.

Uma das principais medidas utilizadas pela polícia (no Reino Unido) na prevenção da criminalidade nos bairros residenciais, para além do seu papel tradicional de controlo da criminalidade através da patrulha e da vigilância, é a conceção ambiental interventiva - Secured By Design (SBD).

A Secured by Design é uma estratégia policial destinada a incentivar a indústria da construção a adotar iniciativas de prevenção da criminalidade na conceção de bairros residenciais, a fim de ajudar a reduzir as oportunidades e o medo da criminalidade, criando um ambiente propício e mais seguro. A Secured by Design é formada e gerida pela Association of Chief Police Officers (ACPO) e conta com a cooperação do Home Office Crime Reduction & Community Safety Group e da Planning Section of The Office of the Deputy Prime Minister (ODPM).

Armitage (2000), na sua avaliação do conceito (SBD), afirmou que o SBD se baseia essencialmente nos seguintes princípios: segurança física; vigilância; acesso; territorialidade; gestão e manutenção. A essência da avaliação, segundo a autora, incluía, entre outras coisas: determinar se a criminalidade era menor nos bairros SBD de West Yorkshire aos quais foi aplicada; verificar se os habitantes que vivem nos bairros SBD se sentem seguros nas suas casas e nas ruas que as rodeiam; e verificar até que ponto quaisquer reduções nos crimes de roubo, limitadas pelo aumento da segurança, estão simplesmente a ser deslocadas para crimes alternativos. As suas conclusões revelaram que a taxa de prevalência da criminalidade total foi novamente inferior na amostra SBD, ao passo que se registou quase o dobro do número de crimes de roubo na amostra não SBD. A avaliação revelou uma redução de mais de 60% nas taxas de roubo entre 1994, quando o regime foi totalmente aplicado, e 1998. No entanto, a criminalidade automóvel é uma das infracções aquisitivas alternativas mais óbvias escolhidas pelos criminosos que conseguem entrar numa habitação restringida por medidas de segurança. Infelizmente, por muito bem sucedido que o sistema tenha sido considerado, a literatura não registou a reprodução do sistema noutros países.

IV.   AVALIAÇÃO DA QUALIDADE DO SERVIÇO DE POLÍCIA

De acordo com Dietz (1997), há vários anos que os investigadores têm vindo a examinar vários métodos para medir o policiamento comunitário e os resultados do policiamento comunitário. Estas medidas, segundo ele, vão desde a contagem de eventos reais (tais como chamadas para o serviço, detenções numa determinada área, número de carros abandonados, etc.) até à informação perceptiva dos cidadãos e dos agentes. Os peritos afirmam que, em muitas áreas, o policiamento comunitário está limitado a uma localização geográfica específica e é definido como uma mudança específica na forma como o policiamento é conduzido. Nesse caso, Dietz (1997) acredita que não haveria razão para medir a atividade específica de policiamento comunitário para além do facto de estar a ser conduzida, e a energia pode ser gasta na medição dos resultados esperados do evento.

Lanier e Davidson (1994) sugerem que é necessário um passo qualitativo para avaliar efetivamente a "experiência" de policiamento comunitário. No entanto, segundo eles, quando a atividade de policiamento comunitário está a ser conduzida em toda a jurisdição de um departamento, é difícil determinar se as variáveis de resultado foram afectadas pelo policiamento comunitário ou por qualquer outro evento. Neste caso, é importante ter alguma medida da perceção que os cidadãos têm da polícia, acrescentaram.

O Bureau of Justice Assistance (1994) afirma: "Um objetivo importante do policiamento comunitário é prestar serviços de maior qualidade aos bairros; por conseguinte, a satisfação do cliente torna-se uma medida importante". Quando o policiamento comunitário é definido como a polícia que trabalha para satisfazer as necessidades e expectativas dos cidadãos que é responsável por proteger, trabalhando com esses cidadãos para encontrar uma solução comum, então a qualidade do serviço torna-se a medida mais importante do sucesso de um departamento de polícia (Watson, 1994). No entanto, para compreender melhor a satisfação dos cidadãos, Dietz e Watson (1994) identificaram um constructo de qualidade do serviço policial que é definido em termos facilmente compreendidos pelos cidadãos. Os componentes deste constructo (com uma medida de validade de a=0,93), de acordo com eles, entre outras coisas, relacionam-se com comportamentos, atributos e aptidões (qualidades) que se espera ver nos agentes policiais ideais de policiamento comunitário. As perguntas utilizadas no inventário foram desenvolvidas a partir de uma variedade de fontes, incluindo comentários de cidadãos durante reuniões da câmara municipal, grupos de discussão com cidadãos e agentes, entrevistas com peritos em relações polícia-comunidade e uma análise da literatura atual sobre o assunto.

Tendo isto em mente, a literatura regista a indispensabilidade da polícia na manutenção da paz e da ordem dentro do bairro residencial (Fallshore, et. al, 2007; Laycock e Tilley, 1995, Renauer, 2007), mas também notou a resposta insatisfatória dos cidadãos aos serviços da polícia a este respeito (Sherman e Eck, 2002; Ladicola, 1986). Atribuem este facto à escassez da força numérica da polícia, à corrupção, às más remunerações, à tecnologia inadequada e à ausência de formação regular, entre outros.

V. POLÍCIA E CRIMINALIDADE DE PROXIMIDADE

No entanto, enquanto os cidadãos e os funcionários públicos defendem frequentemente este ponto de vista, os cientistas sociais professam muitas vezes o extremo oposto: que a polícia apenas contribui de forma insignificante para a prevenção da criminalidade no contexto de instituições sociais muito mais fortes, tais como os mercados de trabalho e familiar (Sherman, 1997, Clarke, 1992; Felson e Clarke, 1998). A verdade parece estar no meio. Sherman e Eck (2002) defendem a posição de que o facto de uma polícia suplementar travar o crime pode depender da sua eficiência na concentração em objectivos, tarefas, locais, momentos e pessoas específicos. Assim, acreditam que a ligação entre o policiamento e os factores de risco é a conclusão mais poderosa obtida em cerca de quatro décadas de investigação. Além disso, afirmam que a contratação de mais polícias para dar respostas rápidas, patrulhas aleatórias sem objectivos específicos e detenções reactivas pode não dissuadir a criminalidade grave. O policiamento comunitário sem um objetivo claro sobre os factores de risco de crime geralmente não tem efeito sobre o crime. No entanto, as patrulhas orientadas, as detenções proactivas e a resolução de problemas em pontos quentes de criminalidade elevada mostraram provas substanciais de prevenção da criminalidade (Fallshore et al., 2007; Sherman e Eck, 2002)

Para tornar a polícia mais eficaz, Sherman e Eck, (2002) identificaram oito hipóteses principais que incluem o seguinte: Número de polícias (quanto mais polícias uma cidade empregar, menor será a criminalidade); Resposta rápida ao 112 (quanto mais curto for o tempo de deslocação da polícia desde a sua atribuição até à chegada ao local do crime, menor será a criminalidade); Patrulhas aleatórias (quanto mais patrulhas aleatórias uma cidade tiver, mais a perceção da "omnipresença" da polícia impedirá a criminalidade); Patrulha direccionada (quanto mais precisamente a presença da patrulha for direccionada para os "pontos quentes" e "horas quentes" da atividade criminosa, menor será a criminalidade nesses locais e horas); Detenções reactivas (quanto mais capturas a polícia fizer em resposta a infracções registadas ou observadas de qualquer tipo, menor será a criminalidade); Detenções pró-activas (quanto mais elevada for a taxa de detenções iniciadas pela polícia para infractores e infracções de alto risco, menor será a taxa de infracções violentas graves); Policiamento comunitário (quanto mais e melhor for a qualidade dos contactos entre a polícia e os cidadãos, menor será a criminalidade); e Policiamento orientado para os problemas (quanto mais a polícia conseguir identificar e minimizar as causas próximas de um padrão específico de criminalidade, menor será a criminalidade).

Concluindo, Weisburd e Eck (2004) opinam que as práticas de policiamento comunitário reduzem o medo do crime, mas não encontram provas lógicas de que o policiamento comunitário (quando é implementado sem modelos de policiamento orientado para os problemas) influencia o crime ou a desordem, uma vez que afirmam que o conjunto de provas em desenvolvimento aponta para a eficácia do policiamento orientado para os problemas na redução do crime, da desordem e do medo.

IV. CUSTO DO POLICIAMENTO

Vale a pena mencionar que a manutenção de uma polícia ou a exigência de mais polícia para efeitos de controlo ou prevenção da criminalidade de bairro não é isenta de custos ou consequências que, por vezes, podem ser muito significativos. Em Knowles (2003, 2006), foram feitos esforços para reiterar o custo económico do policiamento comunitário utilizando o esquema "Secured By Design", incorporando os princípios do "Novo Urbanismo" como base de análise. De acordo com Knowes, a implementação do esquema com o aumento do número de novas casas no Condado para 18.000 no norte e no meio de Bedfordshire em cinco anos custaria em média £2.040.000 por ano; o montante que ele acreditava ser significativo para o orçamento anual. Noutra perspetiva, Maher e Dixon (2001) identificaram a deslocação da atividade criminosa como uma consequência provável da aplicação da lei ao nível da rua. Além disso, Dixon (1997) argumentou que as actuais abordagens de aplicação da lei para lidar com os mercados de droga ao nível da rua correm o risco de causar danos vitais à saúde pública, à segurança da comunidade e às relações entre a polícia e o público. Na sua opinião, estes custos podem ser ponderados em relação aos potenciais benefícios de taxas de detenção respeitáveis e de melhorias localizadas na qualidade de vida de algumas pessoas em zonas específicas. Outros custos do policiamento de proximidade incluem o receio dos residentes de serem confundidos com detidos ou brutalizados pela polícia, o risco de vida tanto dos agentes da polícia que enfrentam criminosos, normalmente muito mais armados, como dos residentes que podem ser vítimas de balas perdidas, a restrição da liberdade de circulação dos cidadãos, especialmente em bairros propensos a crimes violentos, e o aumento do orçamento do governo; quando são utilizados serviços de segurança privados, isso aumentará as despesas/orçamento dos residentes ou inquilinos, entre outros (Moss, 2003; Dixon, 1997; Sherman 1990, 1997; Brown & Sutton 1997). Este facto explica os estudos recentes que sugerem que se considere o custo da prevenção do crime face ao valor do crime a prevenir; na maioria dos casos, tem-se argumentado que o custo de oportunidade deve ser considerado para reduzir os custos (Roman & Farrell, 2002; Smith, & Tilley, 2013; Cook, et al, 2012). Este custo, Crowe, (2000) e Hasting (2007) acreditam que poderia ser minimizado, se não evitado, se fosse dada mais atenção às estratégias convencionais de prevenção do crime, como a prevenção do crime através do design ambiental (CPTED) e a prevenção do crime através do desenvolvimento social (CPSD).

VI. CONCLUSÃO E RECOMENDAÇÃO

No decurso desta análise, foi feito um esforço para avaliar a conveniência do policiamento de proximidade com vista a identificar "o bom, o mau e o feio" da polícia na prevenção/controlo do crime. Até aqui tudo bem, a análise reiterou a relevância do policiamento de proximidade como a medida tradicional de controlo da criminalidade amplamente aceite. Além disso, os estudos demonstraram as insuficiências do policiamento de proximidade nos domínios da corrupção e da indisciplina grosseira, da utilização de tecnologia antiga, da falta de motivação suficiente, da má relação entre cidadãos e polícia, entre outros, como o principal obstáculo a um policiamento de proximidade eficaz. Foi também sublinhada a necessidade de utilizar modelos e constructos científicos para medir a eficácia do serviço policial. Além disso, foi salientado o custo do policiamento de proximidade. Estes custos (tanto a nível social como económico), se não forem bem analisados, podem, na maioria das vezes, colocar uma questão crítica sobre a conveniência de utilizar o serviço da polícia em qualquer altura. Em suma, esta análise opina que, embora o policiamento de proximidade possa ainda manter a sua relevância no controlo da criminalidade, continua a ser grosseiramente inadequado na prevenção da criminalidade de proximidade.

É neste contexto que o presente documento recomenda um quadro descrito como Prevenção da Criminalidade através do Desenvolvimento Social e Ambiental (CPSED). O CPSED, como mencionado anteriormente, é derivado da combinação da Prevenção ao Crime através do Desenvolvimento Social (CPSD) e da Prevenção ao Crime através do Design Ambiental (CPTED). Os dois conceitos foram certificados com êxito como instrumentos de prevenção da criminalidade por investigadores e países industrializados (Cozen, 2008; Crowe, 2000; Hasting, 2007). A combinação é considerada adequada tanto para as nações desenvolvidas como para as nações em desenvolvimento, uma vez que envolve as contribuições tanto do público (CPSD) como do privado (CPTED). Além disso, tendo em conta a sua adequação, os estudos demonstraram que a maioria dos factores de risco sociais e de conceção são predominantes nos países em desenvolvimento, sendo a CPSED capaz de os melhorar. Por conseguinte, os investigadores acreditam firmemente que, se este quadro for tenazmente prosseguido, pode resolver os problemas de prevenção da criminalidade a curto e a longo prazo nos bairros residenciais.

A implicação política deste documento é fazer uma chamada de atenção para o facto de que, embora se espere que o serviço de polícia seja melhorado, o seu melhor pode nunca ser suficiente para a maior expetativa na prevenção do crime de bairro. Por conseguinte, o governo e as suas agências são instados a apoiar a utilização dos métodos convencionais - CPTED e CPSD; enquanto os investigadores são instados a prestar atenção à realização de mais investigação sobre CPTED e CPSD para efeitos de sustentabilidade da habitação.

REFERÊNCIAS

Argueta, O. (2012). Segurança privada na Guatemala: Caminho para a sua proliferação. *Boletim de Pesquisa Latino-Americana, 31*(3), 320-335.

Armitage, R. (2000) An Evaluation of Secured By Design (SBD) housing within West Yorkshire. Briefing note. Ministério do Interior: Building a safe, just, and tolerant society (Construir uma sociedade segura, justa e tolerante). REINO UNIDO.

Armitage R. (2013) Crime Prevention Through Housing Design. Crime Prevention and Security Management Series. Palgrave Macmillan, Hampshire RG21 6XS, Inglaterra.

Bannister, J. (1991), "Locating fear: environment and ontological security", em Jones, H. (Ed.), Crime and the Urban Environment, Avebury, Aldershot, pp. 69-84.

Bennett, T. (1990). *Evaluating neighbourhood watch* (No. 61). Gower Pub Co.

Braga, A. A., Papachristos, A. V., & Hureau, D. M. (2014). The effects of hot spots policing on crime: An updated systematic review and meta-analysis.*Justice Quarterly, 31*(4), 633-663.

Brown, R. M. (1975) "Strain of Violence: Historical Studies of American Violence and Vigilantism". Nova Iorque: Oxford University Press, 1975.

Brown, M & Sutton, A (1997) 'Problem Oriented Policing and Organizational Form', Current Issues in Criminal Justice, vol 9, pp 21-33.

Gabinete de Assistência à Justiça (1994), Neighborhood-oriented Policing in Rural Communities: A Program Planning Guide, Bureau of Justice Assistance, Washington, DC.

Chainey, S., & Tompson, L. (2012). Envolvimento, capacitação e transparência: publicação de estatísticas criminais utilizando o mapeamento de crimes online. *Policing,6*(3), 228-239.

Clarke, R. V (1992). Situational Crime Prevention: Successful Case Studies. *Security Journal* 1:143-148.

Cohen, L. E., & Felson, M. (1979). Social change and crime rate trends: Uma abordagem de atividade de rotina. *American sociological review*, 588-608.

Cook, P. J., Machin, S. J., Marie, O. E., & Mastrobuoni, G. (2012). Lessons from the Economics of Crime (Lições da economia do crime). Lessons from the Economics *of Crime'in Lessons from the Economics of Crime, editado por PJ Cook, SJMachin, O. Marie, e G. Mastrobuoni, MIT Press, a publicar.*

Cordner, G. (2014). Policiamento comunitário. *The Oxford Handbook of Police and Policing*, 148.

Cozens, P. M. (2008) 'Crime Prevention Through Environmental Design' In: Environmental Criminology and Crime Analysis, (eds) Richard Wortley e Lorraine Mazerolle, 153194, Devon, UK.

Crowe, T. D. (2000). *Prevenção da criminalidade através da conceção ambiental: Applications of architectural design and space management concepts.* Revisto por Lawrence J. Fennelly. Butterworth-Heinemann. Primeira edição em 1991.

Dietz, A.S. (1995), "Changing the face of policing: the community policing paradigm", Police Forum: Academia de Ciências da Justiça Criminal - Secção de Polícia, abril, Alpha Enterprises, Richmond, KY.

Dietz, S. A. (1997). Evaluating community policing: quality police service and fear of crime. *Policing: An International Journal of Police Strategies & Management, 20*(1), 83100.

Dixon, D (1997) Law in Policing: Legal Regulation and Police Practices, Clarendon Press, Oxford.

Fabiyi, O. O. (2006) Community building as a response to insecurity; an overview of non- state security initiatives in Ibadan residential neighbourhoods. Fórum Urbano 17(4) pp. 380397.

Fallshore, M., Huisman, A., Mesko, G., & Rep, M. (2007). Police Efforts in the Reduction of fear of Crime in Local Communities-Big Expectations and Questionable Effects (Esforços da polícia na redução do medo do crime nas comunidades locais-Grandes expectativas e efeitos questionáveis). *Sociologija. Mintis ir veiksmas*, (02), 70-91.

Felson, M., & Clarke, R. V. G. (1998). *A oportunidade faz o ladrão: Practical theory for crime prevention* (Vol. 98). Ministério do Interior, Unidade de Policiamento e Redução da Criminalidade, Direção de Investigação, Desenvolvimento e Estatística.

Ferguson, A. G. (2011). Crime Mapping and the Fourth Amendment: Redrawing 'High Crime Areas'. *Hastings Law Journal*, *63*(1).

Ferrell, N.K. (1994), "Police officers' receptivity to community policing", dissertação não publicada, East Texas State University, dezembro.

Goudriaan, H., Wittebrood, K., & Nieuwbeerta, P. (2006). Neighbourhood Characteristics and Reporting Crime Effects of Social Cohesion, Confidence in Police Effectiveness and Socio-Economic Disadvantage (Características do bairro e efeitos da denúncia de crimes na coesão social, confiança na eficácia da polícia e desvantagem socioeconómica). *British journal of criminology*, *46*(4), 719-742.

Hastings, R. (2007) Crime Prevention Through Social Development and Canadian Communities: Coalition On Community Safety, Health and Well-being. Institute for the Prevention of Crime, University of Ottawa. *www.prevention-crime.ca.*

Husain, S. (1988) Neighbourhood Watch in England and It piles: a Locational Analysis, Crime Prevention Unit Paper 12, Londres: Home Office.

Iadicola, P. (1986). Community crime control strategies. *Crime and Social Justice*, 140-165.

Jensen, S. (2008). Policing Nkomazi: crime, masculinidade e conflitos geracionais. *Global Vigilantes Columbia University Press New York*, 44-65.

Johnston, L. (1996) "What is Vigilantism?" (O que é o Vigilantismo?) *British Journal of Criminology* 36, no. 2 : 220-236.

Kempa, M., Carrier, R., Wood, J., & Shearing, C. (1999). Reflections of the evolving concept of private policing" (Reflexões sobre a evolução do conceito de policiamento privado). *European Journal on Criminal Policy and Research*, *7*(2), 197-223.

Knowles, P. (2006). Designing out crime-the cost of policing new urbanism.*Online: http://www. americandreamcoalition. org/safety/policingnu/policingnu. htmlAcessado em 10 de maio de 2015.*

Knowles, P. (2003). The cost of policing new urbanism (O custo do policiamento do novo urbanismo). *Safer Communities*, *2*(4), 33-37.

Koper, C. S., Lum, C., & Willis, J. J. (2014). Otimizando o uso da tecnologia no policiamento: Results and Implications from a Multi-Site Study of the Social, Organizational, and Behavioural Aspects of Implementing Police Technologies. *Policiamento*, pau015.

Lanier, M.M. e Davidson, W.S. (1994), "Methodological issues related to instrument development for community policing assessments", Police Studies, Vol. 17 No. 4, pp. 2140.

Laycock, G., & Tilley, N. (1995). *Policing and neighbourhood watch: strategic issues.* Grupo de Investigação Policial do Ministério do Interior.

Lurigio, A.J. e Skogan, W.G. (1994), "Winning the hearts and minds of police officers: an assessment of staff perceptions of community policing in Chicago", Crime and Delinquency, Vol. 40 No. 3, pp. 315-330.

MacKenzie, S., & Henry, A. (2013). Community policing: a review of the evidence, Scottish Government Social Research.

Madison, A. (1973) *Vigilantism in America.* Nova Iorque: Seabury Press.

Maher, L., & Dixon, D. (2001). Cost of Crackdowns: Policing Cabramatta's Herion Market, The. *Current Issues Crim. Just.*, *13*, 5.

Mamalian, C. A. and La Vigne, N. G. (1999) The use of computerized crime mapping by law enforcement: Resultados do inquérito. Centro de Pesquisa de Mapeamento do Crime. Instituto Nacional de Investigação da Justiça. Departamento de Justiça dos EUA. https//www.ncjrs.gov/pdffiles1/fs000237.pdf

Minnaar, A., & Ngoveni, P. (2004). The relationship between the South African Police Service and the private security industry: any role for outsourcing in the prevention of crime? *Ata criminologica, 17* (1), p-42.

Melenhorst, P. (2012) Designing out crime in Botswana: the alignment of community perceptions of crime with CPTED principles in a non-western context. Tese de mestrado apresentada ao Departamento de Planeamento Urbano e Regional, Universidade de Tecnologia de Curtin, Melbourne.

Moss K (2003) The good, the bad and the ugly? Como será e como deverá ser o novo guia de planeamento da prevenção do crime? Community Safety Journal 2 (1) 15-20.

Olaniyi, R. (2005). *Vigilantes comunitários na região metropolitana de Kano, 1985-2005* (Vol. 17). IFRA.

Pratten, D. (2008). A política de proteção: Perspectivas sobre o vigilantismo na Nigéria. *África, 78*(01), 1-15.

Renauer, B. C. (2007). Reducing Fear of Crime Citizen, Police, or Government Responsibility? *Police Quarterly, 10*(1), 41-62.

Roman, J., & Farrell, G. (2002). Cost-benefit analysis for crime prevention: opportunity costs, routine savings and crime externalities.

Sharp, D., & Wilson, D. (2000). 'Segurança doméstica': Private Policing and Vigilantism in Doncaster. *The Howard Journal of Criminal Justice, 39* (2), 113-131.

Sherman, L. W. (1997). Comunidades e prevenção do crime. https://www.ncjrs.gov/works/chapter3.htm.

Sherman, L. W., & Eck, J. E. (2002). 8 Policiamento para a prevenção do crime. *Prevenção ao crime baseada em evidências*, 295.

Singh, H., Kumar, R., Singh, A., & Litoria, P. K. (2012). Cloud GIS para mapeamento de crimes. *Revista Internacional de Investigação em Ciências Informáticas, 2*(3), 57-60.

Skogan, W. G., & Hartnett, S. M. (1997). *Community policing, Chicago style* (pp. 8-55). Nova Iorque: Oxford University Press.

Smith, M. J., & Tilley, N. (Eds.). (2013). *Crime Science*. Routledge.

Trojanowicz, R.C. e Carter, D. (1988), The Philosophy and Role of Community Policing, The National Neighborhood Foot Patrol Center, School of Criminal Justice, Michigan State University, East Lansing, MI.

Warr, M. (1991), "Altruistic fear of victimization in households", Social Science Quarterly, Vol. 73 No. 4, pp. 723-36.

Watson, E.M. (1994), "The state of community policing in Austin, Texas", apresentação na reunião do Community Policing Consortium cluster, 2-4 de março, St Petersburg, FL.

Weisburd, D. (1988). Vigilantism as community social control: Desenvolvimento de um modelo criminológico quantitativo. *Journal of Quantitative Criminology, 4*(2), 137-153.

Wilson P. R. (1989) *Crime and Crime Prevention*. Documento apresentado na conferência Designing Out Crime: Crime Prevention Through Environmental Design (CPTED) convocado pelo Australian Institute of Criminology e NRMA Insurance e realizado no Hilton Hotel, Sydney, 16 de junho de 1989.

Wilson, J.Q. e Kelling, G.L. (1982), "Broken windows", Atlantic Monthly, março, pp. 29-37.

Weisburd, D., & Eck, J. E. (2004). What can police do to reduce crime, disorder, and fear? *The Annals of the American Academy of Political and Social Science, 593*(1), 42-65.

Capítulo 5

CONDOMÍNIOS FECHADOS E VEDAÇÃO DE PROPRIEDADES:
A
REACÇÃO À CRIMINALIDADE NOS BAIRROS RESIDENCIAIS

RESUMO

Antecedentes: A questão da criminalidade nos bairros residenciais já não é um tema novo, uma vez que já foram efectuados muitos estudos sobre o assunto. No entanto, a questão mais premente é a sua tendência incessante, especialmente nos países em desenvolvimento, sobretudo em África e na Ásia. Uma das estratégias prescritas para a prevenção da criminalidade, com uma longa história e com conhecimento e prática globais, são os condomínios fechados e a vedação de propriedades.

Objectivos: O objetivo do presente documento é avaliar a conveniência do conceito com vista a analisar a sua aplicação prática através de uma pesquisa aprofundada da literatura relevante...

Conceção do estudo: Os artigos de revistas relevantes foram acedidos através do Google Scholar, Science Direct, Emerald, Scopus, Researchgate, Sage Journal Online e muitos outros.

Local e duração do estudo: O estudo foi realizado no Departamento de Bens Imobiliários, Faculdade de Gestão de Tecnologia e Negócios, Universidade Tun Hussein Onn Malásia, entre abril e setembro de 2015.

Metodologia: O estudo debruça-se sobre as conclusões de estudos anteriores sobre a conveniência dos condomínios fechados e das vedações de propriedade em resposta à criminalidade no bairro, através da revisão da literatura relacionada.

Resultados: Este documento revela que a principal razão pela qual as pessoas desejam viver em condomínios fechados, entre outras, é a segurança e/ou a redução do medo do crime, o que se descobriu estar longe de ser perfeitamente conseguido.

Conclusão: O artigo conclui recomendando que se pode sentir um efeito positivo notável se o conceito de conceção da prevenção da criminalidade puder ser combinado com os factores sociais (Modelo SEDeF). O artigo renova o apelo aos decisores políticos, aos planeadores urbanos e aos investigadores para que dêem prioridade à questão do crime contra a propriedade, a fim de melhorar a sustentabilidade dos nossos bairros.

Palavras-chave: Condomínios fechados, bairro residencial, crime, medo do crime, CPSD, CPTED, Modelo SEDeF.

1. INTRODUÇÃO

Ao longo dos anos, os desafios de segurança nos bairros residenciais têm sido um tema de discussão global. É evidente que os bairros residenciais são susceptíveis a vários crimes, especialmente assaltos e outros crimes violentos como o homicídio e a violação. O facto de a maior parte dos objectos de valor serem guardados em casa, bem como o facto de as casas estarem, na maior parte das vezes, desertas durante o dia, uma vez que os residentes têm de ir para o trabalho, para a escola, para o mercado ou para as actividades recreativas, podem ser atribuídos a esta situação [1]. Na sequência disto, uma das estratégias de prevenção da criminalidade mais utilizadas são os condomínios fechados e a vedação de propriedades.

Apesar da opinião generalizada de que os condomínios fechados são mais seguros do que os não fechados, pouco se sabe sobre a realidade deste pressuposto: as explicações baseadas na teoria da atividade rotineira e na prevenção situacional da criminalidade recomendam que a entrada restrita subjugaria a criminalidade. Relatórios alternativos teorizam que o uso excessivo de segurança pode aumentar a criminalidade [2]. Os bairros fechados registaram um crescimento fenomenal em todo o mundo devido, em parte, ao medo crescente da criminalidade e da violência urbanas. Por outro lado, a mudança para os condomínios fechados também tem sido associada à riqueza e ao lazer [3,4].

O condomínio fechado, na sua forma atual, é um conjunto habitacional que contém entradas rigidamente controladas para peões, bicicletas e automóveis e que se distingue frequentemente por um perímetro fechado de muros e vedações. Os condomínios fechados são normalmente constituídos por pequenas ruas residenciais e incluem várias comodidades partilhadas. Nas zonas mais pequenas, pode tratar-se apenas de um parque ou de outras áreas comuns. No caso de condomínios maiores, pode ser conveniente que os proprietários

45

permaneçam no bairro para a maioria das actividades diárias. Os condomínios fechados são uma variedade de melhorias de interesse comum, mas são distintos das comunidades intencionais.

Grant & Mittelsteadt [5] afirmam que, apesar de mais extensivamente documentados nos Estados Unidos, os condomínios fechados estão a aparecer em muitos países, incluindo a Austrália [6], as Bahamas [7], a Argentina [8], a Costa Rica [9], a Indonésia [10], a Letónia [11], Portugal [12], a Malásia [13,14], o Brasil [15;16], a África do Sul [17;18], a Venezuela [19], o Gana [20] e a Nigéria [21;22]. A preocupação com os condomínios fechados aumentou recentemente na Grã-Bretanha [23;24]. Também no Canadá, os condomínios fechados estão a suscitar o interesse e a atenção dos investigadores [25;26;27;28;29;30;31;32].

Uma das principais questões relacionadas com o conceito de condomínios fechados é a escassez de investigação ou de dados concretos que provem ou refutem o facto de os condomínios fechados ou as instalações com vedações privadas oferecerem um nível de segurança mais elevado ou diminuírem as taxas de criminalidade. Em Low [33], foi revelado que os residentes de condomínios fechados se queixavam do facto de que o facto de estarem dentro da residência murada não lhes proporcionava toda a segurança, uma vez que há trabalhadores que entram na comunidade todos os dias e que eles (residentes) têm de sair para satisfazer outras necessidades domésticas. Foi dito que os portões proporcionam alguma proteção, mas que ainda gostariam de ter mais; no entanto, Low [33] questionou-se sobre o que seria mais. Os residentes queixaram-se ainda de que, embora os portões e os guardas excluíssem os temidos "outros" de viverem com eles, "eles" podiam passar pelo portão, seguir o carro dos residentes, rastejar por cima do muro ou, pior ainda, o guarda podia adormecer ou ser ele próprio um criminoso. Na mesma linha, Atkinson & Smith [3], no seu estudo, afirmaram que as tentativas de neutralizar o risco em comunidades com elevada criminalidade não são de modo algum garantidas - mesmo através das tentativas mais vigorosas de colocação de muros, portões e guardas. Este facto, segundo eles, é causado pela desigualdade social e pela segregação.

O principal objetivo deste artigo é avaliar a conveniência do conceito na prevenção da criminalidade residencial, com vista a considerar como se tem comportado na prática, através de uma pesquisa aprofundada da literatura relevante. Assim, nas restantes partes do artigo, é feita uma discussão exaustiva sobre a definição concetual de condomínios fechados; a tendência evolutiva, a categorização dos condomínios fechados; condomínios fechados e segurança; recomendação e conclusão.

2.0 REVISÃO DA LITERATURA

2.1 Definição concetual

O conceito de condomínio fechado tem sido definido de forma variada, mas relacionada, por diferentes autores e académicos. Blakely [34] define os condomínios fechados como uma nova forma de espaço residencial com acesso restrito, de tal modo que os espaços normalmente públicos foram privatizados. Segundo ele, são comunidades de segurança intencionalmente concebidas com perímetros designados, geralmente muros ou vedações, e entradas controladas por portões e, por vezes, por guardas. Blakely [34] acrescentou que estas comunidades incluem tanto novas habitações suburbanas como zonas urbanas mais antigas equipadas com barricadas e vedações.

Lister, Atkinson & Flint [35] afirmaram que os condomínios fechados são conjuntos habitacionais murados ou vedados aos quais o acesso do público é restrito, frequentemente vigiados por CCTV e/ou pessoal de segurança, e normalmente caracterizados por acordos legais de arrendamento que vinculam os residentes a um código de conduta comum.

Nas palavras de Grant & Mittelsteadt [5], o condomínio fechado é visto como um conjunto habitacional em estradas privadas ligadas ao tráfego geral por um portão que atravessa o acesso principal. Os empreendimentos podem ser cercados por vedações, muros e outras barreiras naturais que limitam ainda mais o acesso do público. Segundo eles, esta definição inclui esquemas que atravessam as estradas através de portões, mas excluiria os "poleiros de barricada", como Blakely & Snyder [4] os designam, em que uma rua é fechada para acalmar o tráfego enquanto outras permanecem abertas.

Assim, a partir do anterior, o elemento-chave do portão representa uma tentativa de controlar o acesso à comunidade, dando espaço ao interior e ao exterior.

2.2 Tendência evolutiva dos condomínios fechados

É um facto que a prevenção da criminalidade através de edifícios murados ou bairros residenciais não é um fenómeno recente na raça humana. Desde os primitivos habitantes das cavernas pré-históricas até às cidades medievais e modernas, os aglomerados humanos sempre tentaram garantir a segurança e o bem-estar dos seus residentes em termos de conceção e de localização perto de alimentos, água e outros recursos vitais. Com o desenvolvimento da tecnologia, os aglomerados populacionais adaptaram-se para refletir ameaças novas e emergentes. Daí a necessidade da descoberta de técnicas modernas, como a conceção de fortificações para castelos, o aparecimento de portões e cidades muradas, etc. Estas melhorias demonstram que a utilização da conceção ambiental para controlar o comportamento humano e, em particular, as questões de segurança e a criminalidade, tem uma longa tradição [36].

Segundo Le Goix & Callen [37], a transformação da "disseminação" global para a "emergência" local como razão subjacente conduz naturalmente ao estudo dos antecedentes locais específicos dos condomínios fechados (GC). Os CG têm uma longa história. A governação urbana privada teve início nas cidades europeias industriais do século XIX, como Londres e Paris, onde a nova burguesia industrial solicitava, em bairros suburbanos privados e fechados, uma retirada tranquila do movimentado centro da cidade [38;39]. Le Parc de Montretout, em Saint-Cloud, França, desenvolveu-se em 1832, sendo provavelmente o principal do seu género [40;41]. Nos EUA, a expansão dos condomínios fechados tem raízes numa filosofia de longa data de crescimento suburbano. Uma das primeiras influências são as utopias suburbanas idealizadas e os projectos de influência utópica. O Llewellyn Park, de Haskell, foi provavelmente o primeiro condomínio fechado contemporâneo desenvolvido nos EUA. Tem administrado continuamente uma portaria e uma força policial privada desde 1854 e lançou a governação privada de comodidades atribuídas com base em acordos de escritura restritivos que salvaguardavam a estabilidade e a uniformidade da comunidade [42]. Um segundo fio condutor liga os novos condomínios fechados americanos aos processos históricos que trouxeram os Common Interest Developments (CIDs) - uma forma de posse e organização da copropriedade - e os acordos proibitivos de exclusão da Europa para os EUA. McKenzie [43] examina a longa história europeia de acordos condicionais e organizações residenciais (observáveis desde 1743 em Londres). A primeira organização de proprietários de casas propriamente dita foi fundada nos Estados Unidos em 1844, em Boston. Llewellyn Park e Roland Park, em 1891, tornaram-se as primeiras grandes subdivisões de luxo detidas e geridas por privados, dando origem a comunidades exclusivas. Criaram expectativas nos consumidores e nos promotores imobiliários, bem como estratégias jurídicas e organizacionais que ajudaram a moldar a governação urbana privada actualizada nos EUA. McKenzie escreve que "para manter os parques privados, os lagos e outras comodidades dos subgrupos, os promotores conceberam disposições relativas à propriedade comum do terreno por todos os ocupantes e à tributação privada dos proprietários. Para garantir que a utilização dos terrenos não seria desviada pelos proprietários seguintes, os promotores anexaram "acordos restritivos" às escrituras"[43]. No início do século XX, este conjunto de subclasses de alto nível tornou-se muito familiar (Mission Hills, Missouri em 1914, KC Country Club District na década de 1930 e Radburn em 1928). Juntamente com o paisagismo e as especificações arquitectónicas, a ideia de julgamentos sociais como uma propriedade mercantilizada tornou-se comum nos CIDs. As melhorias exclusivas do estilo de vida tornaram-se comuns na viragem dos anos 1960-70, concebidas como empreendimentos imobiliários de consumo em massa, financiados por grandes empresas atraídas pelos lucros inerentes e apoiadas pelo Estado através do Gabinete de Habitação e Desenvolvimento Urbano [43].

Uma contribuição de Blakely [34] revelou ainda que a força para eliminar é um novo emblema para o novo espaço governamental nos Estados Unidos. O medo gerado por uma maré crescente de estrangeiros e a violência indiscriminada, desde o ataque terrorista de 11 de setembro de 2001 até aos assassinos nos subúrbios de Washington, DC, em 2002, modificaram as áreas públicas com uma explosão de privatização do espaço público. Os condomínios fechados, segundo Blackely [34], são indicadores claros da divisão espacial da nação por raça ou classe. Segundo ele, nos anos 60, o zonamento suburbano de exclusão para alcançar este resultado foi contestado e, em certa medida, rejeitado através de leis judiciais ou legislativas de habitação aberta. Desde então, a exclusividade residencial de facto tem sido prosseguida através do mercado privado da habitação, que construiu centenas de condomínios fechados desde os anos 80, sob o pretexto de "segurança" contra ameaças às casas e aos seus habitantes. Pode dizer-se que os condomínios fechados têm as suas raízes em França e nos Estados Unidos. Os trabalhos de Low [33;44] marcam a origem da investigação longitudinal sobre os condomínios fechados.

2.3 Categorização dos condomínios fechados

O estudo de Blakely & Snyder [4] foi descrito como o estudo mais amplamente aceite, que fornece as investigações mais exaustivas sobre os condomínios fechados disponíveis, e apresentou a tipologia mais frequentemente discutida do fenómeno [5]. No seu estudo sobre os enclaves americanos, Fortress America, sugere que os condomínios fechados nos EUA albergavam cerca de três milhões de unidades de habitação em meados da década de 1990; a contagem dos censos aumentou esse número para quatro milhões em 2000 [45]. Blakely & Snyder [4] descreveram projectos de costa a costa, e em todos os níveis de rendimento. Ao desenvolverem uma tipologia dos tipos de projectos existentes nos EUA, contribuíram de forma decisiva para a compreensão das principais características dos condomínios fechados. Como se pode ver no Quadro 1, Blakely & Snyder [4] identificaram três tipos de condomínios fechados: estilo de vida, influência e zonas de segurança. Em hipótese, as categorias descrevem tipos ideais que atendem a mercados específicos. Na prática, afirmam, os bairros podem apresentar uma combinação de características destes tipos.

Quadro 1 Tipologia geral de Blakely & Snyder [4] dos condomínios fechados

Type	Features	Subtypes	Characteristics
Lifestyle	These projects emphasize common amenities and cater to a leisure class with shared interest; may reflect small-town nostalgia; may be urban villages, luxury villages, or resort villages	Retirement	Age-related complexes with suite of amenities and activities
		Golf and leisure	Shared access to amenities for an active lifestyle
		Suburban new town	Master-planned project with suite of amenities and facilities; often in the sunbelt
Prestige	These projects reflect desire for image, privacy, and control; they focus on exclusivity over communities; few shared facilities and amenities	Enclaves of rich and famous	Secured and guarded privacy to restrict access for celebrities and very wealthy; attractive locations.
		Top-fifth development	Secured access for the nouveau riche; often have guards
		Executive middle class	Restricted access; usually without guards
Security zone	These projects reflect fear; involve retrofitting fences and gates on public streets; controlled access	City perch	Restricted public access in inner city area to limit crime or traffic
		Sub-urban perch	Restricted public access in inner city area to limit crime or traffic
		Barricade perch	Closed access to some streets to limit through traffic

3. METODOLOGIA

O estudo debruça-se sobre a apresentação de estudos anteriores sobre a conveniência dos condomínios fechados e da vedação de propriedades em resposta à criminalidade no bairro, através da revisão da literatura relacionada. Os artigos de jornais relevantes foram acedidos através do Google Scholar, Science Direct, Emerald, Scopus, Researchgate, Sage Journal Online e muitos outros. O objetivo do estudo é avaliar a conveniência dos condomínios fechados como resposta à criminalidade em bairros residenciais.

4. RESULTADOS E DISCUSSÃO

Embora pareça haver um número limitado de estudos que se centram na eficácia dos condomínios fechados e das vedações de propriedade no domínio da segurança física garantida, existem, no entanto, fortes opiniões sobre os dois lados da discussão [2;13;33;46]. A ideia é que, uma vez que as vedações e os portões de segurança permitem um acesso restrito aos não residentes, é razoável que se verifique uma redução do número de infracções contra a propriedade. Os condomínios fechados proporcionam uma barreira física sólida, para além de actuarem como um dissuasor psicológico para os potenciais criminosos [47]. No entanto, mudar-se para um bairro apenas porque é fechado não é uma decisão de segurança sensata. Como afirmam muitos peritos em segurança e criminalidade, é importante que qualquer residente/inquilino que pretenda residir num bairro fechado faça uma investigação antes de decidir comprar ou arrendar uma casa nesse bairro.

Essencialmente, a integridade de um condomínio fechado só é tão forte quanto a integridade das pessoas que nele vivem. Pode ser errado assumir que, pelo facto de um complexo ou bairro estar rodeado por uma vedação e um portão de segurança, apenas as pessoas cumpridoras da lei vivem na propriedade. Ladrões e outros criminosos também podem residir em condomínios fechados [48;49]. Os visitantes de outros ocupantes também podem ser motivo de preocupação. É por estes e outros motivos que alguns estudos consideram que os condomínios fechados não são mais seguros do que os não fechados [2;3]. Alguns estudos mostram que, ao separar complexos de apartamentos e bairros inteiros com vedações, impede-se que os residentes se reúnam como um todo, o que se considera desencorajar o crime [49]. As vedações e os portões também podem criar uma falsa sensação de segurança para os ocupantes que residem no seu interior; sugerem que não há necessidade de estar atento a pessoas e acções estranhas; reduzem a sua guarda; são capazes de os tornar, a eles e aos seus bairros, alvos fáceis para a criminalidade. Agbola [50], no seu estudo, interpretou a construção de vedações/muros e portões altos à volta do edifício ou/e do bairro como uma "arquitetura do medo" que, paradoxalmente, convida os delinquentes em vez de os dissuadir, na medida em que, quando se constroem vedações altas, isso pode ser uma indicação de que se guardam coisas valiosas no seu interior, o que pode atrair um potencial delinquente. Addington & Rennison [2] encontraram apoio para a hipótese de que as unidades habitacionais em condomínios fechados são menos assaltadas do que as suas congéneres não fechadas. As suas conclusões também se baseiam na diversidade dos condomínios fechados e dos seus residentes, o que contrasta fortemente com as opiniões comuns de que estas zonas são enclaves de classe alta. A sinceridade na segurança da propriedade depende muito do facto de os residentes cuidarem uns dos outros, de se tratar de um condomínio de aluguer ou de um condomínio ocupado pelo proprietário e de a propriedade ser gerida profissionalmente. No caso do arrendamento, é desejável verificar os antecedentes criminais dos candidatos; é igualmente importante garantir que os códigos de acesso ao portão de entrada são mantidos confidenciais e alterados de tempos a tempos. Espera-se que o conceito de condomínio fechado corresponda às expectativas desejadas no domínio da prevenção da criminalidade se estas e outras precauções essenciais forem tomadas.

Empiricamente, Vilalta [51] reconhece os aumentos dramáticos da criminalidade e do medo do crime no México, o que, para ele, incentivou o interesse em questões de investigação sobre a relação entre o medo e os novos desenvolvimentos habitacionais, que se transformam no aumento do número de condomínios fechados e apartamentos na Cidade do México como um reconhecimento do medo do crime. O seu estudo procura saber se esta opção ajuda a controlar o medo do crime e também testar empiricamente a teoria do crime a este respeito. O resultado da sua investigação mostra que nem os condomínios fechados nem os apartamentos parecem proporcionar taxas mais baixas de medo do crime quando se está sozinho em casa. Os seus resultados mostram ainda que, mantendo-se constantes as outras variáveis, o medo do crime não estava relacionado com a natureza da residência, mas sim com o género, os anos de escolaridade, os níveis de marginalidade social, os níveis de medo da comunidade e a opção pela polícia local. Outros estudos que apoiam a hipótese de que os condomínios fechados eliminam ou reduzem o crime e/ou o medo do crime incluem Breetzke, Landman & Cohn [49]; Atlas e LeBlanc [52]; Plaut [46]. Em contraste com estes resultados, alguns dos estudos que negam a crença incluem Low [53] - em vez de reduzir o crime, encoraja a segregação social; Agbola [50] - como uma demonstração da arquitetura do medo; Addington & Rennison [2] - apenas um pequeno efeito sobre os roubos; Atkinson e Smith [3] - referem-se ao conceito como "uma economia de falsas garantias; e Le-Goix & Callen [37] - consideram o conceito como incorrendo em despesas adicionais sem resultados proporcionais.

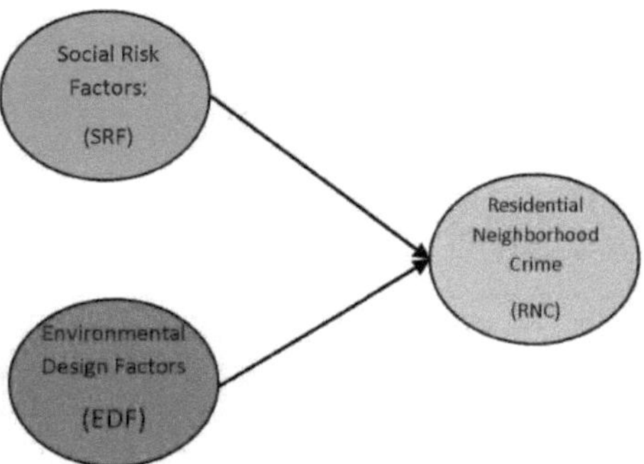

FIGURA 1: MODELO DOS FACTORES DE CONCEPÇÃO SÓCIO-AMBIENTAIS (SEDeF)

5. CONCLUSÃO

No decurso da presente análise, foram intensificados os esforços para examinar de forma alargada a conveniência do conceito de condomínios fechados como resposta à criminalidade em bairros residenciais. Não há dúvida de que foram feitos esforços notáveis nesse sentido, quer através da investigação, quer através de políticas governamentais, quer ainda através de esforços privados. No entanto, é de salientar que os resultados não justificam os meios, na medida em que, apesar dos esforços humanos e financeiros envidados, a criminalidade no sector da habitação parece não diminuir, especialmente nos aglomerados urbanos.

Até aqui tudo bem, este estudo revelou a principal razão pela qual as pessoas preferem viver em condomínios fechados - para aumentar a sua segurança ou reduzir o medo do crime. A questão mantém-se: "até que ponto os residentes dos condomínios fechados estão seguros?" Tal como já foi referido, não há garantias de que, ao viver num condomínio fechado, se esteja excluído da criminalidade do bairro, mas quando são tomadas precauções rigorosas, isso pode aumentar a eficácia do conceito.

Na sequência do que precede, pode deduzir-se que, apesar dos enormes e evitáveis custos despendidos na construção de vedações e muros perimetrais com vista a garantir um ambiente residencial seguro e protegido, os custos parecem não justificar os meios. É, portanto, intenção deste documento recomendar o modelo dos Factores de Conceção Socioambientais (SEDeF) como alternativa ou, pelo menos, como complemento. O modelo proposto, tal como apresentado na figura 1, baseia-se no facto de que uma combinação dos factores de risco social e das estratégias de conceção ambiental contribuiria em grande medida para combater a criminalidade em bairros residenciais [54]. O modelo, SEDeF, deriva de duas teorias conhecidas como Desenvolvimento Social de Prevenção do Crime (CPSD), que se baseia na crença de que o crime pode ser drasticamente reduzido se as causas sociais fundamentais do crime, como a pobreza, os sem-abrigo, o analfabetismo, o desemprego, a desunião familiar, a delinquência e outras, forem tenazmente combatidas; e Prevenção do Crime através do Design Ambiental (CPTED), que se centra na manipulação intencional do design ambiental do bairro de forma a desencorajar potenciais infractores de cometerem crimes. Esta abordagem, que é também designada por construção virtual, destina-se a abordar cuidadosamente questões como o reforço territorial, a vigilância natural, o controlo do acesso natural, o apoio às actividades, a gestão da imagem/espaço e o endurecimento dos alvos [36].

O casamento concetual é considerado benéfico e produtivo, uma vez que permite a participação privada (CPTED) e pública (CPSD). Por conseguinte, este modelo, quando plenamente implementado, é capaz de usufruir dos benefícios do conceito de Parceria Público-Privada (PPP). Este modelo tem sido praticado, consciente ou inconscientemente, em economias desenvolvidas como os EUA, o Japão e o Reino Unido, entre outras, e em economias emergentes como a Malásia, Singapura e a República da Arábia Saudita, como um verdadeiro instrumento de prevenção da criminalidade em bairros residenciais.

Recomenda-se, no entanto, mais investigação sobre a avaliação crítica do modelo SEDeF para considerar os seus pontos fortes, pontos fracos e âmbito de aplicação. Assim, o sector público e privado, bem como os investigadores, são convidados a explorar os benefícios inexplorados deste casamento concetual como uma ferramenta eficaz para a prevenção da criminalidade nos bairros residenciais.

REFERÊNCIAS

1. Wilson PR. Crime and Crime Prevention. Documento apresentado na conferência Designing out Crime: Crime Prevention through Environmental Design (CPTED) convocado pelo Australian Institute of Criminology e NRMA Insurance e realizado no Hilton Hotel, Sydney, 16 de junho de 1989.
2. Addington LA, Rennison CM. Keeping the Barbarians Outside the Gate? Comparing Burglary Victimization in Gated and Non-Gated Communities [Comparando a vitimização por roubo em comunidades fechadas e não fechadas]. Justice Quarterly, 2015: 32(1), 168-192.
3. Atkinson R, Smith O. An economy of false securities? An analysis of murders inside gated residential developments in the United States [Uma análise de homicídios em condomínios fechados nos Estados Unidos]. Crime, Media, Culture, 2012: 8(2), 161-172.
4. Blakely EJ, Snyder MG. Fortress America: Gating Communities in the United States (Brookings Institution Press e Lincoln Institute of Land Policy, Washington, DC). 1997
5. Grant J, Mittelsteadt L. Types of gated communities. Ambiente e Planeamento B, 2004: 31, 913-930.
6. Grant J, Mittelsteadt L. Types of gated communities. Ambiente e Planeamento B, 2004: 31, 913-930.
7. Gonzalez D. "Bahamians resent the loss of beaches to luxury" New York Times 29 de fevereiro, página A4, 2000
8. Thuillier G. "Gated communities in the Greater Buenos Aires "Parole! http://parole.aporee.org/ work/hier.php3?spec id=11951&words id=356., 2003. Acedido em 16th julho, 2015
9. Rancho Cartagena. "Rancho Cartagena, Guanacaste, Costa Rica"", http://www.acquirecostarica.com/list rc 101.htm, 1999: Acedido em 16th julho, 2015
10. Leisch H. "Gated communities in Indonesia" Parole!, http://parole.aporee.org/work/ hier.php3?spec 11955&words id=356. 2003. Acedido em 16th julho, 2015
11. Medearis SL. "Riga recebe aldeias de habitação" Baltic Times 15 de julho de 1999
12. Raposo R. "Condomínios fechados na área metropolitana de Lisboa" Parole! http://parole.aporee.org/work/hier.php3?spec id=11959&words id=356. 2003 Acedido em 16th julho, 2015
13. Abdullah A, Salleh MNM, Sakip, SRM. Fear of crime in gated and non-gated residential areas (Medo do crime em áreas residenciais fechadas e não fechadas). Procedia-Social and Behavioral Sciences, 2012: 35, 63-69.
14. Mohit MA, Abdulla A. Residents' crime and safety perceptions in gated and non-gated low middle income communities in Kuala Lumpur, Malaysia. Jornal de Arquitetura, Planeamento e Gestão da Construção, 2011: 1(1), 71-94.
15. Carvalho M, Varkki GR, Anthony KH. "Satisfação residencial em condomínios exclusivos no Brasil" Environment and Behavior 1997: 29: 734 - 768
16. Faiola A. "Brazil's elites fly above their fears: rich try to wall off urban violence" The Washington Post 1 de junho, página A1, 2002
17. Jurgens U, Gnad M. "Gated communities in the Johannesburg area o experiences from South Africa" Parole!, 2003 http://parole.aporee.org/work/hier.php3?spec id=11953&words id=356. Acedido em 16th julho, 2015.
18. Gated communities SA cities. "Specific characteristics of South African cities", 2003 http://www.gatedcomsa.co.za. Acedido em 16th julho, 2015.
19. Paulin D. "Rising crime rate has city dwellers seeking safety in apartments and gated communities" The Globe and Mail 23 de setembro de 1997 página A12
20. Grant R. The emergence of gated communities in a West African context: Evidence from Greater Accra, Ghana. *Urban Geography*, 2005: *26*(8), 661-683.
21. Ajibola MO, Oloke CO, Ogungbemi AO. Impacto dos condomínios fechados no valor dos imóveis residenciais: A comparison of ONIPETESI Estate and its neighbourhoods in IKEJA, Lagos State, Nigeria. *Jornal de Desenvolvimento Sustentável*, 2011: *4*(2), 72-79.

22. Iroham CO, Durodola OD, Ayedun CA, Ogunbola MF. Estudo comparativo dos valores de aluguer de dois condomínios fechados em Lekki Peninsula Lagos. *Journal of Sustainable Development Studies*, 2014:*5*(2), 218-235.

23. Arnot C. "Laager toffs" The Guardian 30 de janeiro de 2002

24. Oaff B. "Is Britain about to close the gates? The Guardian, 15 de março de 2003.

25. Liebner J. "Downsizers find community spirit at London site" Toronto Star online, 4 January, 2003 http://www.thestar.com. Acedido em 16th julho, 2015

26. Anthony L. "Safe and sound behind the gate" Maclean's 21 de julho, página 25, 1997.

27. Carey E. "Metro joins trend to guarded communities" The Toronto Star 15 de junho de 1997: página A1

28. Golby J. "Gated communities: the fortress frontier", tese de bacharelato, Departamento de Geografia, Universidade de Winnipeg, Winnipeg, Manitoba, 1999

29. Haysom I. "Gated communities on the increase o but no armed guards yet", Southam newspapers, Background in depth, National and international news, 14 de fevereiro, http://www.southam.com 1996: Acedido em 16th julho, 2015.

30. Mittelsteadt L. "A case study of gated communities in Nova Scotia", tese, Mestrado em Planeamento Urbano e Rural, Universidade de Dalhousie, Halifax, Nova Scotia, 2003.

31. Yelaja P. "Safe and sound as the iron gates swing shut", Toronto Star online, 18 de janeiro de 2003 http://torontostar.com/. Acedido em 16th julho, 2015

32. Dinka N. "Gated communities arrive in Canada" ID Magazine 6(20) 24 de julho - 20 de agosto, http://www.idmagazine.com. 1997: Acedido em 16th julho, 2015

33. Low SM. O limite e o centro: Gated communities and the discourse of urban fear. *American anthropologist*, 2001:*103*(1), 45-58.

34. Blakely EJ. Fortress America Separate and Not Equal [Fortaleza América Separada e Não Igual]. *The Human Metropolis: People and Nature in the 21st-Century City [livro completo]*, 2006: 197.

35. Lister D, Atkinson R, Flint J. *Gated communities: a systematic review of the research evidence.* Bristol: ESRC Centre for Neighbourhood Research. 2003

36. Cozens PM. 'Crime Prevention Through Environmental Design' In: Environmental Criminology and Crime Analysis, (eds) Richard Wortley and Lorraine Mazerolle, 153-194, Devon, UK, 2008

37. Le-Goix R Callen D. Production and social sustainability of private enclaves in sub-urban landscapes. Capítulo (6) contribuição In: Gated communities: Social sustainability in contemporary and historical gated development, eds, Ola Uduku e Samer Bagaeen. Routledge, 2010

38. Foldvary F. *Public Goods and Private Communities: the Market Provision of Social Services.* Aldershot: Edward Elgar, 1994: pp.264.

39. McKenzie E. *Privatopia: Homeowner Associations and the Rise of Residential Private Government [Associações de Proprietários e a Ascensão do Governo Privado Residencial].* New Haven (Conn.); Londres: Yale University Press, 1994: 237

40. Degoutin S. "Petite histoire illustree de la ville privee". *Urbanisme*, no. 337. 2004

41. Degoutin S. *Prisonniers volontaires du reve americain.* Paris: Editions de la Villette, 2006: 396 p

42. Jackson KT. Crabgrass Frontier. Oxford: Oxford University Press, 1985

43. McKenzie E. *Privatopia: Homeowner Associations and the Rise of Residential Private Government.* New Haven (Conn.) ; London: Yale University Press, 1994: 237 p.

44. Low SM. Urban Fear: Building Fortress America [Medo Urbano: Construindo a Fortaleza América]. City and Society. Annual Review. 1997: 52-72.

45. Sanchez TW, Lang RE. "Security versus status: the two worlds of gated communities" (Segurança versus estatuto: os dois mundos dos condomínios fechados), Projeto de Nota do Censo 02:02 (novembro), Metropolitan Institute at Virginia Tech http://www.mi.vt.edu/ Files/ Gated%20Census%20Note11-19.pdf. 2002

46. Plaut PO. The characteristics and tradeoffs of households choosing to live in gated communities. *Ambiente e Planeamento-Parte B*, 2011:*38*(5), 757.

47. Helsley, R, Strange, W. "Gated communities and the economic geography of crime'" Journal of Urban Economics 1999: (46) 80 - 105

48. Breetzke GD, Cohn EG. Burglary in Gated Communities An Empirical Analysis Using Routine Activities Theory [Roubo em condomínios fechados: uma análise empírica usando a teoria das actividades de rotina]. *International Criminal Justice Review*, 2013: *23*(1), 56-74.

49. Breetzke GD, Landman K, Cohn EG. Is it safer behind the gates? Crime and gated communities in

South Africa (Crime e condomínios fechados na África do Sul). *Journal of housing and the built environment*, 2014: *29*(1), 123-139.

50. Agbola T. Architecture of Fear: Urban Design and Construction Response to Urban Violence in Lagos, Nigeria [Arquitetura do Medo: Desenho Urbano e Resposta da Construção à Violência Urbana em Lagos, Nigéria]. Ifra. 1997

51. Vilalta CJ. Medo do crime em condomínios fechados e prédios de apartamentos: uma comparação de tipos de habitação e um teste de teorias. *Journal of Housing and the Built Environment*, 2011: *26*(2), 107-121

52. Atlas R., LeBlanc, WG. The impact on crime of street closures and barricades: A Florida case study. *Security Journal*, 1994: *5*(3), 140-145.

53. Baixa SM. Behind the gates: Life, security, and the pursuit of happiness in fortress America (Vida, segurança e a busca da felicidade na fortaleza americana) (Vol.

35) . New York: Routledge. 2003

54. Sutton A, Cherney A, White R. *Crime prevention: principles, perspectives and practices*. Cambridge University Press. 2013

Capítulo 6

UMA ANÁLISE DO IMPACTO DA CRIMINALIDADE DE BAIRRO NO VALOR DOS IMÓVEIS RESIDENCIAIS.

Resumo

As consequências da criminalidade nos bairros residenciais não poupam os valores imobiliários, na medida em que tendem a desincentivar o investimento na habitação, mas há escassez de investigação a este respeito. O presente documento analisa estudos anteriores sobre a criminalidade imobiliária, que se centraram especificamente no impacto da criminalidade nos preços da habitação. Os artigos são classificados de acordo com a data de publicação, a especialização académica/profissional dos autores, o método de análise, o país de publicação e o grau de impacto. Foi efectuada uma revisão rigorosa da literatura relevante através de várias bases de dados online, como Scopus, Emerald, Science Direct, SAGE e Google scholar, entre outras. A análise revela que existe uma escassez de publicações recentes sobre o impacto da criminalidade no preço da habitação, não obstante as consequências que daí advêm para os indivíduos, os profissionais e o sector público. Recomenda-se, no entanto, que sejam patrocinados mais estudos de investigação a este respeito. As implicações políticas deste estudo incluem o aumento das receitas públicas através dos impostos sobre a propriedade, bem como as do gestor e avaliador imobiliário. Pretende-se também promover uma habitação sustentável orientada para uma vida saudável.

Palavras-chave: Impacto, crime imobiliário, habitação, valores, preço

1.0 Introdução

A propriedade residencial é importante para a humanidade não só porque proporciona abrigo, mas também porque, na maioria dos casos, satisfaz necessidades psicológicas e económicas. Do ponto de vista económico, ao longo dos anos, a nível mundial, a propriedade residencial (habitação) tem sido uma verdadeira fonte de investimento. De facto, diz-se que os imóveis residenciais, tal como outras formas de bens imobiliários (industriais, agrícolas, comerciais e afins), são um investimento de menor risco, o que os torna mais atractivos e rentáveis devido à segurança e regularidade dos rendimentos e ao elevado nível de liquidez e alavancagem (Olajide, *et al.*, 2013). No entanto, em resultado da urbanização e da industrialização, juntamente com o aumento da taxa de desemprego, dos sem-abrigo e da recessão económica, o investimento residencial está gradualmente a tornar-se pouco atrativo devido às consequências destes vícios - a criminalidade nos bairros residenciais. Os crimes contra a propriedade variam entre o roubo, o assalto à mão armada, a violação e o homicídio. Segundo os estudos, os crimes contra a propriedade são susceptíveis de provocar o declínio da vizinhança, que se pode manifestar através da estigmatização de uma zona, da mobilidade residencial e da redução geral do valor das rendas e do capital (Boggess, et al., 2013; Lynch e Rasmussen, 2001)

Até à data, as questões relacionadas com a criminalidade imobiliária e o valor dos imóveis residenciais têm sido objeto de discussão, especialmente quando a ameaça tende a alastrar em vez de ser combatida. Por conseguinte, não será descabido indagar sobre a frequência dos estudos sobre o assunto; a resposta à ameaça entre as economias desenvolvidas e as economias em desenvolvimento; os profissionais envolvidos nos estudos existentes, com vista a identificar o grau de envolvimento dos avaliadores imobiliários/ corretores de imóveis. Tendo tudo isto em conta, é intenção deste estudo fazer uma revisão cuidada da literatura existente na área do impacto da criminalidade imobiliária no valor dos imóveis residenciais.

Os dados dos EUA, segundo Hellman e Naroff (1979); Thaler (1978); Lynch e Rasmussen (2001), sugerem que as taxas de criminalidade afectam o valor dos imóveis, embora os efeitos possam ser reduzidos abaixo dos limiares de criminalidade elevada. Lynch e Rasmussen (2001) concluem que um aumento de 1% nos crimes violentos reduz os preços em 0,05%, mas também registam associações positivas entre as taxas de criminalidade imobiliária e os preços dos imóveis. Atribuem este facto a taxas de denúncia mais elevadas nos bairros mais ricos, mas as taxas de vitimização mais elevadas podem constituir uma melhor análise. Investigadores de cidades como Boston, Baltimore e Chicago confirmaram que as taxas de criminalidade local têm um impacto considerável nos preços das casas. Por exemplo, de acordo com Gray e Joelson (1979), um trabalho realizado em Boston sugeriu que uma diminuição de 5% na criminalidade poderia resultar num aumento de receitas fiscais de 7 a 30 milhões de dólares. Além disso, Dubin e Goodman (1982) examinaram os efeitos das taxas de criminalidade local sobre o valor das casas na cidade de Baltimore e nos subúrbios do condado de Baltimore, controlando as características estruturais da habitação e a qualidade das escolas. Esta abordagem caracterizou a análise hedónica dos preços e permitiu aos investigadores descobrir quanto um comprador estava disposto a pagar por características específicas de uma casa e de uma vizinhança.

Rizzo (1979) confirmou que a criminalidade numa comunidade afecta as rendas e o valor das casas, enquanto Burnell (1988) afirmou que as taxas de criminalidade nas comunidades vizinhas podem ter um impacto económico no valor das casas. Em suma, concluiu que a criminalidade afecta o valor das casas e das rendas na comunidade imediata e o valor das casas nas comunidades vizinhas. Buck, et al. (1991) investigaram o impacto dos casinos de Atlantic City e o aumento da criminalidade associada nos preços das casas nos três condados do sul de Jersey. Verificaram que os efeitos da criminalidade sobre o valor das casas eram consideráveis. Os preços das casas nas comunidades mais acessíveis a Atlantic City sofreram impactos económicos mais graves. Isto, por sua vez, explica como as zonas de elevada criminalidade servem para atrair mais criminosos, intensificando ainda mais os impactos económicos negativos.

Por outro lado, Pope e Pope (2012), numa análise mais rigorosa da relação entre as alterações nas técnicas de criminalidade e os valores patrimoniais, indicaram uma relação negativa entre as alterações da criminalidade e o valor patrimonial; diz-se que as alterações são estatisticamente significativas e economicamente grandes. No entanto, opinaram que, utilizando dados brutos para ilustrar a relação entre as alterações nos valores de propriedade e as alterações na criminalidade violenta e contra a propriedade, é difícil estabelecer uma relação entre a alteração do preço da habitação e as alterações na criminalidade violenta ou contra a propriedade.

Numa questão retórica colocada por Gibbons e Machin (2007) sobre se os preços das casas reagem fortemente às taxas de criminalidade local e se é louvável utilizar a informação para valorizar uma taxa de criminalidade mais baixa da mesma forma que podemos valorizar a qualidade da escola, os transportes, a acessibilidade e outros bens locais, afirmaram que apenas alguns estudos recentes tentaram dar respostas, embora, segundo eles, existam uma ou duas investigações muito antigas (Thaler,1978; Hellman e Naroff, 1979; Cullen e Levitt,1999; Gibbons, 2004; Tita, et.al, 2006). No entanto, afirmaram que os desafios neste domínio são maiores do que nos contextos da escola ou dos transportes, uma vez que é difícil separar a influência da criminalidade de outras influências da vizinhança, pois afirmam que a criminalidade não reconhece fronteiras que suportem uma conceção de descontinuidade geográfica e que as limitações dos dados têm, até à data, tornado bastante viável a análise da ligação entre as alterações na criminalidade e as alterações nos preços da habitação. Gibbons e Machin (2007) reiteraram que, na ausência de desenhos de investigação, a abordagem adoptada em Gibbons (2004) consiste em eliminar, tanto quanto possível, os atributos de vizinhança não observados, utilizando uma abordagem de modelação não paramétrica associada a técnicas de variáveis instrumentais. Talvez surpreendentemente, os resultados do estudo de Gibbons indicam que uma elevada incidência de assaltos não tem qualquer efeito sobre os preços da habitação, possivelmente porque os compradores de casas não estão bem informados sobre as taxas de assalto locais ou podem instalar medidas de segurança eficazes a um preço relativamente baixo.

A utilização de modelos e métodos empíricos para medir o impacto que os crimes contra a propriedade na vizinhança têm no preço dos imóveis residenciais tem sido descrita como uma tarefa árdua (Gibbons, 2004; Pope, 2008; Troy e Grove, 2008). Isto deve-se, entre outros factores, ao facto de o comportamento dos vizinhos depender das suas características individuais, que podem estar sistematicamente relacionadas com determinantes não observados dos preços dos imóveis. Consequentemente, pode inferir-se erroneamente uma relação causal entre as características locais e os valores imobiliários, quando, na realidade, é o elemento não observado dos valores imobiliários que impulsiona a composição da vizinhança. Por exemplo, os baixos preços dos terrenos locais atraem residentes com baixos rendimentos e, se os residentes com baixos rendimentos forem propensos a cometer crimes no seu bairro, encontrar-se-á mais crimes em bairros com baixos preços dos terrenos. A menos que se possa observar os preços dos terrenos, as estimativas de regressão do impacto da criminalidade sobre os preços dos imóveis podem ser tendenciosas no sentido de obter uma correlação contrária.

Do mesmo modo, Cohen (1990) sugere que os estudos que examinam o impacto da criminalidade nos preços da habitação podem estar a exagerar os efeitos pelas seguintes razões. Em primeiro lugar, os bairros com elevada taxa de criminalidade podem também apresentar outras condições responsáveis pela redução do valor das habitações, tais como a poluição atmosférica, a proximidade de grandes auto-estradas ou a utilização de terrenos industriais. Em segundo lugar, os investigadores também podem exagerar os impactos porque não controlam os crimes não registados. Tendo em conta a taxa de notificação, o impacto da criminalidade sobre o valor da habitação diminui por crime. A substância da redução depende do facto de ter sido utilizado um índice de criminalidade total, patrimonial ou violenta como indicador de criminalidade. Cohen (1991) procedeu à revisão das estimativas de custo por crime de estudos anteriores, reduzindo-as em até dois terços. Na sua opinião sincera, concluiu que a criminalidade tem uma forte influência sobre o valor das casas e que devem ser tomadas medidas positivas a este respeito, mas, segundo ele, é lamentável que a via política para reduzir o impacto da criminalidade não seja clara. No entanto, os resultados deste trabalho apoiam esta teoria, documentando a relação entre a criminalidade e o valor da habitação. Assim, este trabalho apoia a opinião de que os decisores políticos e os funcionários municipais preocupados com o crescimento urbano devem fazer da prevenção da criminalidade uma prioridade importante.

2.0 Revisão da literatura
2.1 Natureza da criminalidade nos bairros residenciais

O problema da criminalidade tornou-se uma componente padrão na discussão das questões urbanas e o controlo da criminalidade é agora uma questão de política urbana tão importante como a habitação inadequada e a pobreza (Narroff, Hellman e Skinner, 1980). É essencial e gradualmente manifesto que estes problemas estão interrelacionados. A criminalidade contra a propriedade, especialmente nas residências, é considerada gravemente afetada.

A entrada ilegal no apartamento residencial de outras pessoas com o objetivo de cometer um crime é designada por "arrombamento residencial" (Moreto 2010; Ratcliffe 2001). As infracções que constituem "arrombamento e entrada" incluem a entrada forçada na casa de alguém, provavelmente com a intenção de roubar. Para efeitos da presente investigação, o arrombamento de residências é utilizado para designar tanto o arrombamento de residências como o furto de residências. O facto de as casas estarem normalmente vazias durante o dia explica a frequência dos crimes de furto. Muitos habitantes urbanos, especialmente a classe de rendimentos elevados, são principalmente vitimados devido à sua aquisição maciça de bens pessoais (valores) e ao facto de um grande número de habitações isoladas com muitos pontos de entrada acessíveis, como portas e janelas (Grabosky 1995).

Os efeitos cumulativos da criminalidade sobre a reconstituição socioeconómica ou sobre a concentração de determinados grupos nos bairros, fazem-se sentir ao longo de décadas. Contudo, a alteração dos níveis de criminalidade é suscetível de induzir respostas mais imediatas a nível individual. O aumento da criminalidade terá um impacto direto na perceção individual da segurança de um bairro. Por sua vez, à medida que as percepções relativas à segurança da sua própria comunidade se deterioram, os residentes urbanos optam frequentemente por sair das comunidades afectadas em busca de um bairro mais seguro (Cullen e Levitt, 1999; Dugan,1999; Morenoff et al., 2001; Tita et.al, 2006). Em primeiro lugar, o crime e o medo do crime levam à fuga da cidade para os subúrbios. Esta fuga deixa no seu rasto áreas de pobreza concentrada e enclaves raciais/étnicos no núcleo urbano (Jargowsky, 1996; Massey e Denton, 1993).

Uma vez que os mercados imobiliários são a arena em que o impacto da criminalidade se manifesta pela primeira vez, estes mercados podem potencialmente servir como indicadores precoces do declínio do bairro. Por conseguinte, uma análise mais completa da forma como a criminalidade afecta os preços da habitação local conduzirá, em última análise, a uma melhor compreensão da questão mais vasta relativa aos pequenos impactos da criminalidade na estabilidade residencial (Schwartz et.al, 2003; Ihlanfeldt e Mayock, 2010).

2.2 Características/Atributos da habitação

Olajide *et. al.* (2013) definiram os bens imóveis como qualquer propriedade pessoal com um título, que pode ser transmitida e reconduzida à lei, com uma caraterística distintiva de imobilidade, como terrenos e edifícios. Afirmaram ainda que a propriedade residencial é qualquer edifício que seja utilizado principalmente como habitação. Além disso, revelaram que a propriedade residencial raramente é designada por habitação, o que pode ser expresso em termos de densidade como baixa, média e alta; povoamento como rural, semi-rural e urbano; por conceção como cortiço, apartamento, bungalow, duplex, mansão e semelhantes. Em termos de valor dos imóveis residenciais, Mackmin (2014) opinou que o mercado residencial é imperfeito, pois considera que não existe um mercado central, pelo que os compradores e vendedores estão relativamente desinformados e mesmo os seus consultores profissionais, avaliadores e agentes, têm apenas um conhecimento limitado do que está disponível para venda e do que está a acontecer no mercado. Acrescentou ainda que cada casa, apartamento, bungalow ou outra unidade de alojamento residencial é única nalgum aspeto. Essencialmente, os estudos mostram que o valor de um imóvel residencial pode ser influenciado por um bom número de factores (ver Quadro 1). O quadro revela que a maioria dos estudos omite a criminalidade imobiliária como fator de influência ou, na melhor das hipóteses, coloca-a no âmbito das características do bairro. Na sequência deste facto e tendo em conta o efeito letal da criminalidade imobiliária sobre o valor dos imóveis, são necessários estudos adicionais sobre os valores a este respeito.

Um imóvel residencial, enquanto bem heterogéneo, pode ser definido por um vetor de características ou atributos cujo somatório constitui o valor locativo ou de capital. No entanto, investigadores anteriores identificaram algumas características da habitação que têm impacto nos seus preços. No Quadro I procuramos identificar algumas delas.

Quadro 1 Características/atributos da habitação

S/N	Author(s)	Title of Article	List of Attributes	Type of Value
1.	Babawale, G. K. & Adewunmi, Y. (2011)	The Impact of Neighbourhood churches on house prices	Quality of building facilities, Accessibility, Neighbourhood quality	Rental Value
2.	Kauko (2003)	Residential property value and locational externalities: on the complimentary and substitutability of approach	Accessibility factors, Neighbourhood factors, Specific negative externalities, Public services, Taxes and Identity factors	Capital Value
3.	McCluskey, WJ. Deddis,WG & Lamount, IG (200)	The application of surface generated interpolation models for the prediction of residential values	Date of sale, Age of property, size, Neighourhood quality; building characteristics. Group Cluster	Capital Value
4	Teck-Hong, Tan (2011)	Neighbourhood preferences of house buyers: The case of Klang Valley, Malaysia	Neighbourhood type, Structural Attributes, Locational Attributes	Capital Value
5	Selim, H. (2009)	Determinants of house prices in Turkey: Hedonic regression versus artificial neutral network	Location, type of house, Age of building Building facilities, Other structural characteristics	Capital Value
6.	Megbolugbe, I. F. (1989)	A hedonic index Model: The housing market in Jos, Nigeria	Structural traits like size, age roof cover and plumbing features of the building, Neighbourhood traits like school, road, water & electricity quality; Locational traits(access to economic, social and political activities)	Rental and capital values
7	Bello, M. O. and Bello V. A. (2008)	Willingness to pay for better environmental services: evidence from the Nigerian real estate market.	Internal Factors like age, size of plot and building, condition of facilities. External factors like general state of economy, population, employment, immigration, finance, location, infrastructure, transport and neighbourhood	Rental and capital values
8	Tse, RYC & Love, PED (2000)	Measuring residential property values in Hong Kong	Structural, Physical, Neighbourhood and Environmental attributes	Capital Value

Fonte: Compilação dos autores, 2015

2.3 Modelação do impacto do crime no valor da propriedade

Pope e Pope (2012) afirmam que o método dos preços hedónicos se tornou uma ferramenta importante utilizada por economistas e avaliadores para estimar as avaliações dos agregados familiares relativamente a comodidades locais, como a criminalidade. Este método, segundo eles, tenta argumentar que os agentes económicos escolhem um local de residência fazendo compromissos informados entre as características da habitação e várias comodidades. De acordo com Lizam (2011), as técnicas básicas de modelação para o método hedónico, também conhecido como abordagem do preço implícito, têm origem na técnica de regressão que foi introduzida pela primeira vez no trabalho de Court (1939) e foi mais tarde adoptada por Griliches (1961). O pressuposto básico para a abordagem do preço hedónico é formado pela hipótese hedónica de que "um bem pode ser visto como um conjunto de atributos para os quais os preços inerentes podem ser derivados dos preços de variantes variadas do mesmo bem com diferentes níveis de características específicas" (Ohta e Griliches, 1975; Rosen, 1974). Inferencialmente, este pressuposto afirma que o preço de bens heterogéneos pode ser observado em função das suas diferentes características (Lizam, 2011). No entanto, Rosen (1974), sendo o primeiro investigador a formalizar a base teórica da abordagem hedónica, reconheceu que a propriedade é um produto heterogéneo transaccionado com um conjunto de características que contribuem implicitamente para a formação do preço. Para compreender o método hedónico de Rosen no contexto do mercado imobiliário, o imóvel individual é descrito por qualidades ou características específicas e, para cada imóvel, estas características podem diferir ligeiramente ou significativamente.

No entanto, Dunse e Jones (1988) advertiram que, apesar da ampla aplicação do método, as conclusões devem ser moderadas pelas limitações do modelo. Embora, ao longo dos anos, a utilização do método tenha beneficiado da versatilidade, da eficiência na resposta à informação, da possibilidade de o método aproximar os valores com base nas escolhas reais das pessoas e do facto de ser comparativamente mais fácil obter dados sobre as vendas de propriedades e características que podem ser facilmente ligadas a fontes de dados secundárias, de modo a adquirir as variáveis descritivas para a análise da "dimensão do impacto", o método tem algumas limitações. Por exemplo, o modelo de preços hedónicos pressupõe que os preços hedónicos são os mesmos em todos os mercados e tipos de imóveis, o que não é o caso na realidade; além disso, o modelo explica apenas 60% da variação do preço, o que, do ponto de vista da avaliação, é inaceitável. Para ultrapassar estas limitações, os avaliadores utilizam uma melhoria definitiva das "regras de ouro" para ajustar os dados comparáveis antes de os aplicarem ao imóvel em causa. Outras limitações incluem: a necessidade de conhecimentos adequados, a exigência de medição da validade, o problema da multicolinearidade, a disponibilidade e acessibilidade dos dados que afectam diretamente o tempo e os custos adicionais que serão incorridos para realizar uma aplicação do modelo e o facto de o modelo ser relativamente complexo de interpretar, uma vez que exige um elevado nível de conhecimentos estatísticos e de especialização.

4.0 Conclusões e discussão

Este documento analisou 40 artigos publicados sobre crimes contra a propriedade, nos quais os investigadores analisaram especificamente o impacto do crime nos preços/valores da habitação. Os artigos são classificados de acordo com a data de publicação, a especialização académica/profissional dos autores, o método de análise, o tipo de dados, o país de publicação, o tipo de crime considerado e o grau de impacto.

Tendo em conta esta classificação, a análise da literatura revela que 8 dos 40 artigos publicados em análise foram publicados entre 2010 e o início de 20015 , enquanto os restantes artigos (32) são anteriores a 2010. Isto representa 20% contra 80%. Este resultado exige mais publicações a este respeito, tendo em conta os efeitos negativos do crime contra a propriedade (Gibbons, 2004, Taylor, 1995, Tita et.al, 2006).

No que diz respeito à profissão dos autores, apenas onze, representando 16,4% do total de sessenta e sete autores, pertenciam ao sector do imobiliário e da gestão de instalações. Os restantes 83,6% pertencem a outras profissões como a criminologia, a economia, o planeamento urbano e regional. É nossa convicção que os agentes imobiliários deveriam estar mais envolvidos.

No que diz respeito ao método de análise utilizado, 31 estudos, representando 77,5%, adoptaram a modelização hedónica dos preços. A maioria dos outros autores utilizou a análise de regressão simples. Isto revela que o método hedónico, apesar das suas insuficiências, continua a ser o método de análise mais utilizado. Para tal, devem ser intensificados os esforços para neutralizar as críticas contra a regressão hedónica, com vista a obter melhores resultados (Dunse e Jones, 1998; Pope e Pope, 2012; Palmquist, 2005).

No que diz respeito ao país de publicação, um exame superficial dos artigos em análise revela que 34 dos artigos analisados, representando 85% do total de artigos, têm o seu domicílio ou centro em países desenvolvidos, pelo que os restantes 6 artigos, representando 15%, provêm de países emergentes e em desenvolvimento. Isto implica que é necessário efetuar mais investigação sobre o impacto do crime no preço/valor da habitação nos países emergentes e em desenvolvimento, especialmente porque o crime contra a propriedade é galopante e a resposta à prevenção do crime ainda é muito baixa nestes países.

Além disso, a análise do grau de impacto da criminalidade no preço da habitação revela que 7 estudos, representando 17,5%, tiveram um impacto insignificante, 3 estudos, representando 7,5%, tiveram um impacto baixo ou seletivo, enquanto 30 estudos, representando 75%, tiveram um impacto significativo. Isto implica que, na prática, a criminalidade é prejudicial para o valor da habitação, pelo que é necessário tomar medidas drásticas.

Do quadro 2, pode deduzir-se o seguinte:

- ❖ Apesar das consequências devastadoras do crime de vizinhança sobre o valor das propriedades, que são comuns nos países em desenvolvimento, não se faz muito na área da investigação, pelo menos por uma questão de mitigação; como se pode ver, a maioria das investigações foi realizada nas economias desenvolvidas.

- ❖ A maior parte das investigações efectuadas baseou-se em dados secundários, o que é possível graças à manutenção eficaz de uma base de dados. Esta é, de facto, uma lição ou um desafio para as economias em desenvolvimento.

- ❖ Devido ao facto de os crimes contra a propriedade terem graus e tipos, ou seja, arrombamento de residências, furto, vandalismo, agressão, roubo e outros crimes violentos, como o homicídio, é necessário fazer uma clarificação a este respeito, a fim de se chegar a conclusões fiáveis.

- ❖ O modelo de preços hedónicos foi visto como a ferramenta analítica popular para avaliar os efeitos, apesar das suas deficiências bem pronunciadas; por conseguinte, deve ser sempre feito um esforço para um ajuste razoável e uma cautela adequada, a fim de obter resultados de qualidade.

- ❖ A análise mostra também que o efeito da criminalidade no bairro sobre o valor dos imóveis tem um efeito multiplicador sobre as receitas públicas, o que pode traduzir-se num baixo Produto Interno Bruto (PIB), num baixo rendimento para o promotor e para o gestor imobiliário.

- ❖ Nos últimos anos, os esforços de investigação sobre o assunto têm vindo a diminuir, ao mesmo tempo que a ameaça parece estar a aumentar.

Quadro 2: ESTUDOS EMPÍRICOS SOBRE O IMPACTO DA CRIMINALIDADE DE BAIRRO NO VALOR DAS PROPRIEDADES

S/N	OBJECTIVE	METHODOLOGY	COUNTRY	RESULT(S)	AUTHOR(S)/YEAR
1.	To examine the link between crime and property values by exploiting the dramatic, nationwide decrease in crime the occurred in 1990s	Hedonic Pricing Model	USA	The result indicated that negative relationship between crime changes and property value change, were substantially significant & economically large	Pope, DG & Pope JC; 2012
2.	To determine the impact of crime on apartment prices	Hedonic pricing model	Sweden	*Apartment prices in a specific areas are strongly affected by crime needless of the crime type * When offences were broken down by types, residential burglary, theft, vandalism, assault and robbery, individually had a significant negative effect on property values	Ceccato, V & Whilhelmsson, M; 2011
3.	To determine the effect of fear of crime on housing prices	Hedonic Pricing Model	USA	Fear of crime is capable of adding to the household's budget thereby reducing returns on property investment	Pope, JC; 2008
4.	To determine whether crime rate mediates how parks are valued by the housing market	Hedonic Analysis	Baltimore, USA	All results indicate that park proximity is positively valued by the housing market where the combined robbery or rape rate for a neighbourhood.	Troy, A & Grove, JM; 2008
5.	To quantify the intangible cost of crime with reference to residential neighbourhood.	Hedonic Pricing Model	USA	Average impacts of crime rates on housing prices could be misleading because different crime rate and degree determine the gravity if the effect on property values.	Tita, GE; Petras, TL & Greenbaum, RT; 2006
6.	To measure the effect that property-based crimes in neighbourhood have on the price.	Hedonic Pricing Model	USA	Confirmation that property-based crimes in a neighbourhood could lead to economic loss in housing investment.	Gibbon, S., 2004
7.	To estimate the impact of crime on house prices	Hedonic Pricing Model	Florida, USA	The cost of crime has virtually no impact on house prices overall but that homes were highly discounted in high crime areas.	Lynch, AK, Rasmussen, DW; 2001
8.	To examine the impact and changing crime levels on changes in relative housing value and vacancy rates	Ordinary Lease Square Regressions	Baltimore, USA	Different crimes influence different aspects of the housing market. Past and changing crime rates play roles in ecological transition in neighbourhood.	Taylor, RB; 1995
9.	To examine the nexus of economic development induced crime and property values focused on casino gambling introduced to Atlanta city.	Econometric Technique	New Jersey, USA	The consistent rise in offences will negatively affect return from property investment. The gain in property taxes that a municipality may realize when a reduction in its property crime rate imbalances assessed values.	Buck, AJ Hakim, S.1991
10	To examine the impact of urban crime on urban public sector in the area of changes in the demand of housing and property within urban area caused by variations in crime rates.	Regression	Boston, USA	Crime is capable of affecting housing investment in the sense that property tax remains one of the key sources of income for Government	Naroff, JL; Hellman, DA & Skinner, D., 1980

5.0

Conclusão

Os estudos demonstraram que os residentes são afectados financeiramente de forma negativa quando a criminalidade suprime os preços da habitação local, prejudicando assim um mecanismo importante para a acumulação de riqueza. Muitos países têm até adotado políticas que incentivam a aquisição de habitação própria (Megbolugbe e Linneman, 1993; Dietz e Haurin, 2003). No entanto, embora a propriedade de habitação seja frequentemente vista como uma forma de ajudar as famílias a acumular riqueza, a ameaça ao valor desse investimento pode limitar esse atrativo. Uma dessas ameaças é a criminalidade, que pode reduzir a conveniência da propriedade nos bairros afectados. Assim, a análise do preço da habitação constitui uma medida ideal para avaliar o impacto das alterações da criminalidade na atratividade dos bairros. Assim, esta investigação baseou-se na literatura existente sobre habitação no âmbito dos estudos sobre habitação urbana, examinando a proeminência da criminalidade como fator determinante do preço dos imóveis residenciais.

Na sequência do que precede, a análise revelou alguns factos importantes no que se refere à relação entre a criminalidade e os preços/valor da habitação. Em primeiro lugar, considerando os factores determinantes do preço da habitação, a maioria dos investigadores omite completamente a criminalidade contra a propriedade ou, na melhor das hipóteses, associa-a à qualidade do bairro. Este facto é considerado grosseiramente inadequado quando se analisa criticamente o impacto negativo da criminalidade nos valores da habitação. Além disso, a revisão expôs o facto de haver escassez de publicações sobre este assunto, especialmente entre os agentes imobiliários, que são supostamente os mais bem informados e preocupados. O efeito negativo da criminalidade no valor dos imóveis é capaz de afetar negativamente a prática imobiliária e de reduzir o rendimento do investimento em imóveis residenciais, bem como o do agente imobiliário. Além disso, a análise revela que não foi efectuado um trabalho ou estudo notável a este respeito nos países emergentes e em desenvolvimento, que se verificou serem os receptores de crimes contra a propriedade e até de crimes violentos. A razão para isto pode ser o facto de a maioria dos artigos, especialmente nos países em vias de desenvolvimento, não ser colocada na Internet.

Os autores recomendam que os investigadores, especialmente os agentes imobiliários, se esforcem por realizar estudos mais rigorosos sobre o impacto da criminalidade nos preços da habitação. O governo e as suas agências são persuadidos a patrocinar investigações nesta direção, uma vez que isso aumentará a capacidade de geração de receitas do governo através do imposto sobre a propriedade, bem como a promoção de uma habitação sustentável orientada para uma vida saudável.

6.0 Referências

Anderson, D. A. (1999). The aggregate burden of crime. *The Journal of Law and Economics, 42* (2), 611642.

Babawale, G. K., & Adewunmi, Y. (2011). O impacto das igrejas de bairro nos preços das casas. *Journal of Sustainable Developmenl, 4*(1), p246.

Baumann, F., & Friehe, T. (2013). Proteção privada contra o crime quando o valor da propriedade é informação privada. *International Review of Law and Economics, 35*, 73-79.

Bello, M. O., & Bello, V. A. (2008). Willingness to pay for better environmental services: evidence from the Nigerian real estate market. *fntrnal of African Real Estate Research, 1* (1), 19-27.

Benson, B. L., & Zimmerman, P. R. (Eds.). (2010). *Handbook on the Economics of Crime*. Edward Elgar Publishing.

Boggess, L. N., Greenbaum, R. T., & Tita, G. E. (2013). O crime impulsiona as vendas de habitação? Evidence from Los Angeles. *Journal of Crime and Justice,36*(3), 299-318.

Buck, A. J., Deutsch, J., Hakim, S., Spiegel, U., &Weinblatt, J. (1991).A von Thunen model of crime, casinos and property values in New Jersey.*Urban Studies, 28*(5), 673-686.

Buck, A. J., & Hakim, S. (1989). Does crime affect property values?.*Canadian Appraiser, 33*(1)), 23.

Buck, A. J., & Hakim, S. (1991). Are Property Values Being Adversely Affected by Crime?.*Journal of Property Valuation and Investment, 9*(1), 37-44.

Buck, A. J., Hakim, S., & Spiegel, U. (1993).Endogenous crime victimization, taxes, and property values.*Social Science Quarterly, 74*(2), 334-348.

Buck, A. J., Hakim, S., & Spiegel, U. (1991). Casinos, crime, and real estate values: Do they relate?.*Journal of Research in Crime and Delinquency, 28*(3), 288-303.

Burnell, J. D. (1988). Crime and racial composition in contiguous communities as negative externalities: preconceed household's evaluation of crime rate and segregation nearby reduces housing values and tax revenues. *American Journal of Economics and Sociology, 47*(2), 177-193.

Can, A. (1990). The measurement of neighborhood dynamics in urban house prices. *Economic geography*, 254-272.

Case, K. E., & Mayer, C. J. (1996).Housing price dynamics within a metropolitan area.*Regional Science and Urban Economics, 26*(3), 387-407.

Ceccato, V., & Wilhelmsson, M. (2011). O impacto da criminalidade nos preços dos apartamentos: Evidence from Stockholm, Sweden. *Geografiska Annaler. Série B, Geografia Humana, 93*(1), 81-103.

Cohen, M. A. (2004). *The costs of crime and justice*. Routledge.

Cohen, M. A. (1990). Uma nota sobre o custo do crime para as vítimas. *Estudos Urbanos, 27*(1), 139-146.

Collins, W. J., & Smith, F. H. (2007). A neighborhood-level view of riots, property values, and population loss: Cleveland 1950-1980. *Explorations in Economic History, 44*(3), 365-386.

Cullen, J. B., & Levitt, S. D. (1999).Crime, fuga urbana e as consequências para as cidades.*Review of economics and statistics, 81* (2), 159-169.

Dietz, R. D., & Haurin, D. R. (2003). The social and private micro-level consequences of homeownership. *Journal of urban Economics, 54*(3), 401-450.

Dolan, P., & Peasgood, T. (2007).Estimating the economic and social costs of the fear of crime.*British Journal of Criminology, 47*(1), 121-132

Dunse, N., & Jones, C. (1998). A hedonic price model of office rents. *Journal of Property Valuation and*

Investment, 16(3), 297-312.

Freeman, R. B. (1999). The economics of crime. *Handbook of labor economics, 3*, 3529-3571.

Garland, C. A., & Stokols, D. (2002).The effect of neighborhood reputation on fear of crime and inner-city investment.*Residential environments: choice satisfaction and behavior. Begin and Garvey, Westport CT.*

Gibbons, S. (2004). The Costs of Urban Property Crime*, *The Economic Journal, 114*(499), F441-F463.

Gibbons, S., &Machin, S. (2008).Valuing school quality, better transport, and lower crime: evidence from house prices.*oxford review of Economic Policy, 24*(1), 99-119.

Grabosky P (1995) Burglary prevention. Trends & Issues in Crime and Criminal Justice no. 49. Camberra: Instituto Australiano de Criminologia. http: / /www.aic.gov.au/documents/3 /5/D/%7B35D86CDD-F1C5-4F1B-BC85-378662CF6930%7Dti49.pdf

Gray, C. M. (1979). *The costs of crime* (pp. 13-29). Sage Publications.

Gray, C., Joelson, M., Sage Publications, Inc, & United States of America. (1979). Neighborhood crime and the demand for central city housing (from costs of crime, 1979, by charles m gray see ncj-64248).

Greenbaum, R. T., &Tita, G. E. (2004). The impact of violence surges on neighbourhood business activity. *Estudos Urbanos, 41*(13), 2495-2514.

Hakim, S., &Weinblatt, J. (1984). Towards a Theory on The Impact of Criminal Mobility Influences on Land Values. *Jornal Internacional de Economia Social, 11*(1/2), 24-30.

Hellman, D. A., &Naroff, J. L. (1979). The impact of crime on urban residential property values.*Urban Studies, 16*(1), 105-112.

Ihlanfeldt, K., & Mayock, T. (2010). Panel data estimates of the effects of different types of crime on housing prices. *Regional Science and Urban Economics, 40*(2), 161-172.

Ihlanfeldt, K., & Mayock, T. (2010a) Crime and housing prices. In Handbook on the economics of crime eds Benson, BL and Zimmerman, PR pp 303-327. Edward Elgar Publishing Amazon.com.

Jargowsky, P. A. (1996). Para além da esquina da rua: The hidden diversity of high-poverty neighborhoods. *Urban Geography, 17*(7), 579-603.

Kain, J. F., & Quigley, J. M. (1970).Measuring the value of housing quality.*Journal of the American statistical association, 65*(330), 532-548.

Katzman, M. T. (1980). The contribution of crime to urban decline. *Urban Studies, 17*(3), 277-286.

Kauko, T. (2003). Residential property value and locational externalities: On the complementarity and substitutability of approaches. *Journal of Property Investment & Finance, 21* (3), 250-270.

Linden, L., & Rockoff, J. E. (2008). Estimates of the impact of crime risk on property values from Megan's laws. *The American Economic Review*, 1103-1127.

Little, S. A. (1988).Effects of violent crimes on residential property values.*Appraisal J, 56*, 341-343.

Lynch, A. K., & Rasmussen, D. W. (2001). Measuring the impact of crime on house prices.*Applied Economics, 33*(15), 1981-1989.

Mackmin, D. (2014) Valuation and sale of Residential Property (Avaliação e venda de imóveis residenciais). Estate Gazette Limited. Routledge, EUA. 3rd Edition.

Massey, D. S. & Denton, N. A. (1993) American apartheid: Segregation and the making of the underclass.Cambridge, MA: Harvard University Press; 1993.

MacDonald, Z. (2001). Revisiting the Dark Figure: A Microeconometric Analysis of the Underreporting of Property Crime and Its Implications". *British Journal of Criminology, 41* (1), 127149.

McCluskey, W. J., Deddis, W. G., Lamont, I. G., & Borst, R. A. (2000). The application of surface generated interpolation models for the prediction of residential property values. *Journal of Property Investment & Finance, 18*(2), 162-176.

Megbolugbe, I. F. (1989). Um modelo de índice hedónico: o mercado da habitação de Jos, Nigéria. *Estudos Urbanos, 26*(5), 486-494.

Megbolugbe, I. F., & Linneman, P. D. (1993). Home ownership. Urban Studies, 30(4/5), 659-682.

Miller, E. S. (1981). Crime's Threat to Land Value and Neighborhood Vitality (From Environmental Criminology, P 111-118, 1981, Paul J Brantingham and Patricia L Brantingham, ed.-See NCJ-87681).

Moreto W (2010) Risk factors of urban residential burglary. *RTM Insights* 4: 1-3.

Naroff, J. L., Hellman, D. & Skinner, D (1980) Estimates of the impact of crime on property values. Growth and Change, 11(4) pp 24-30.

Olajide, S. E. & Bello, I. K. & Alabi, O. T. (2013) Elementos de gestão de património e avaliação de propriedades. Abisam Nig. Ltd, Ado-Ekiti, Lagos, Nigéria. 3ª Edição.

Palmquist, R. B. (2005). Property value models. *Handbook of environmental economics*, 2, 763-819.

Pope, J. C. (2008). Fear of crime and housing prices: Household reactions to sex offender registries. *Journal of Urban Economics*, *64*(3), 601-614.

Pope, D. G., & Pope, J. C. (2012). Crime e valores imobiliários: Evidence from the 1990s crime drop. *Regional Science and Urban Economics*, *42*(1), 177-188.

Ratcliffe J (2001) Policing urban burglary. Trends & Issues in Crime and Criminal Justice no. 213. http://www.aic.gov.au/publications/current%20series/tandi/201-220/tandi213.aspx

Rizzo, M. J. (1979). The effect of crime on residential rents and property values. *The American Economist*, 16-21.

Schwartz, A. E., Susin, S., & Voicu, I. (2003). Has falling crime driven New York City's real estate boom? *Journal of Housing Research*, *14*(1), 101-136.

Selim, H. (2009). Determinantes dos preços da habitação na Turquia: Hedonic regression versus artificial neural network. *Expert Systems with Applications*, *36*(2), 2843-2852.

Taylor, R. B. (1995). The impact of crime on communities.*The Annals of the American Academy of Poli.tci.cal and Social Science*, *539*(1), 28-45.

Teck-Hong, T. (2011). Neighborhood preferences of house buyers: the case of Klang Valley, Malaysia [Preferências de vizinhança dos compradores de habitação: o caso de Klang Valley, Malásia]. *International Journal of Housing Markets and Analysis*,*4*(1), 58-69.

Thaler, R. (1978). A note on the value of crime control: evidence from the property market. *Journal of Urban Economics*, *5*(1), 137-145.

Tita, G. E., Petras, T. L., & Greenbaum, R. T. (2006). Crime and residential choice: a neighborhood level analysis of the impact of crime on housing prices. *Journal of Quantitative Criminology*, *22*(4), 299-317.

Troy, A., & Grove, J. M. (2008). Property values, parks, and crime: Uma análise hedónica em Baltimore, MD. *Paisagem e planeamento urbano*, *87*(3), 233-245.

Tse, R. Y., & Love, P. E. (2000). Measuring residential property values in Hong Kong. *Property Management*, *18*(5), 366-374.

Capítulo 7

MEDIÇÃO DA INFLUÊNCIA DA OPORTUNIDADE NA CRIMINALIDADE EM BAIRROS RESIDENCIAIS

Resumo:

A propriedade residencial (habitação) é única entre outras classes de bens imobiliários devido à sua capacidade de proporcionar alojamento e fonte de investimento. No entanto, a habitação urbana é frequentemente afetada pela criminalidade de bairro, sob a forma de furtos, roubos, incivilidades de rua e crimes violentos. O efeito da criminalidade no investimento e na sustentabilidade da habitação pode ser devastador. O papel da oportunidade no cometimento de crimes também tem sido considerado como contribuindo imensamente para esta tendência crescente. Este documento procura medir a influência da oportunidade na criminalidade em bairros residenciais, com o objetivo de melhorar a sustentabilidade e o investimento na habitação. Foram adoptadas técnicas de amostragem selectiva e de bola de neve para administrar quatrocentos (400) conjuntos de questionários, dos quais duzentos e oitenta e oito (288) foram considerados utilizáveis para a análise após a triagem dos dados. O SPSS e a Modelação de Equações Estruturais (SEM) - Análise de Estruturas de Movimento (AMOS) foram as principais ferramentas analíticas utilizadas para realizar o teste de fiabilidade, o teste de normalidade, a média cumulativa, a análise fatorial exploratória, a análise fatorial confirmatória, a medição e o modelo estrutural. Os resultados da análise mostram que os valores de P das várias formas de oportunidade dos conceitos de crime foram estatisticamente significativos: atividade rotineira - 0,002; crime situacional - 0,040; padrão de crime - 0,001; escolha racional - 0,008 e estilo de vida - 0,013. A implicação prática desta investigação é que uma consideração cuidadosa da influência da oportunidade no crime em bairros residenciais pode reduzir drasticamente, se não eliminar a ameaça, melhorando assim a sustentabilidade e o investimento na habitação.

Palavras-chave: Habitação; Influência; Oportunidade; Criminalidade em bairros residenciais, SEM-AMOS

1.0 INTRODUÇÃO

Este artigo apresenta os resultados de uma investigação quantitativa efectuada para medir a influência da oportunidade na criminalidade em bairros residenciais. Por outras palavras, a investigação tem como objetivo testar a eficácia das crenças teóricas baseadas na teoria da oportunidade na paisagem residencial urbana nigeriana. A teoria centra-se na premissa de que a maioria dos actos criminosos (na medida em que afectam os bairros residenciais) ocorre basicamente porque o(s) criminoso(s) tem(têm), consciente ou inconscientemente, a oportunidade de atuar e que, se essas oportunidades forem conscientemente bloqueadas, isso impedirá que o criminoso seja bem sucedido na vitimização. A teoria também define a relação entre o local e o crime. Por conseguinte, um bom estudo deste conceito de crime forneceu uma pista fiável para o controlo da criminalidade em países desenvolvidos como os EUA, o Reino Unido e a Austrália, entre outros.

A teoria da oportunidade, de acordo com Felson & Clarke (1998), baseia-se no velho ditado que diz que "a oportunidade faz o ladrão". Por conseguinte, defendem que a oportunidade é a "causa principal" do crime e que esta teoria ajuda a refletir sobre a prevenção do crime. A partir do seu estudo, os dez princípios da teoria da oportunidade do crime incluem (1) as oportunidades desempenham um papel na causa de todos os crimes (2) as oportunidades do crime são altamente específicas (3) as oportunidades do crime estão concentradas no tempo e no espaço (4) as oportunidades do crime dependem do movimento quotidiano das actividades (5) um crime produz oportunidade para outro (6) alguns produtos oferecem oportunidades de crime mais tentadoras (7) as mudanças sociais e tecnológicas produzem novas oportunidades de crime (8) o crime pode ser evitado bloqueando as oportunidades (9) a redução das oportunidades não costuma deslocar o crime, e (10) a redução das oportunidades pode produzir um declínio mais amplo do crime.

Assim, a oportunidade torna-se o fator limitador que determina o resultado em ambientes propícios ao crime, porque o infrator tem geralmente pouco ou nenhum controlo sobre as condições do ambiente, e as condições que permitem um determinado crime são frequentemente raras, improváveis ou evitáveis. Todos os crimes exigem uma oportunidade, mas nem todas as oportunidades são seguidas de crime. Do mesmo modo, um infrator motivado é necessário para a prática de um crime, mas não é suficiente (Cohen & Felson, 1979; Cohen, Felson & Land, 1980).

Em conformidade com o objetivo do estudo, o presente documento é composto por seis secções. A primeira secção trata da introdução geral ao estudo, enquanto a segunda secção apresenta uma revisão da literatura. A secção três descreve a metodologia adoptada para o estudo, enquanto a secção quatro apresenta a análise dos dados e os resultados. A secção cinco discute os resultados da análise e a secção seis conclui o documento, apresentando também as limitações do estudo e a investigação futura.

2.0 REVISÃO DA LITERATURA

Desde a sua conceção, a teoria da oportunidade tem sido objeto de muitas análises, críticas e reformas. Através da investigação e da experimentação, a teoria foi melhorada por vários académicos diferentes, cada um realçando as suas próprias ideias (Dijk, 1994; Felson & Clarke, 1998; Cohen & Felson, 1979). Um resumo de todos eles é demonstrado no Quadro 1.

Embora a oportunidade do crime tenha sido uma ferramenta útil para avaliar o ambiente criminal, como qualquer outra teoria, há uma série de críticas (Wortley, 2001; 2010; Sutton, 2012). Em primeiro lugar, argumenta-se que a proteção dada aos alvos através da utilização de medidas práticas como fechaduras e alarmes simplesmente desloca o crime para outro momento ou local. Em segundo lugar, a teoria do crime de oportunidade opõe-se à ideia de que não é possível obter melhorias reais nos níveis de criminalidade sem combater as causas psicológicas e sociais profundas. Além disso, critica-se o facto de, se as oportunidades para certos tipos de crime forem bloqueadas, os infractores poderem simplesmente recorrer a crimes mais violentos ou transferir as suas energias para tipos de crime completamente diferentes ou talvez mais difíceis de combater. Em resposta a estas críticas, Clarke (2005) e Felson & Clarke (1998) resumiram as críticas numa conceção errada do que o conceito de oportunidade de crime representa.

Os conceitos-chave associados à teoria da oportunidade, adoptados como variáveis neste estudo, incluem a teoria da atividade rotineira, a prevenção situacional do crime, a teoria dos padrões de crime, a teoria da escolha racional e a teoria do estilo de vida.

Clarke (1997) descreveu a prevenção situacional da criminalidade como compreendendo medidas de redução de oportunidades que tornam o crime mais difícil e arriscado, ou menos lucrativo e desculpável, de acordo com a avaliação de um vasto leque de infractores; envolvem a adaptação da vizinhança imediata de forma tão sistemática e permanente quanto possível e são dirigidas a formas altamente específicas de crime. Acrescentou ainda que devem ser assinaladas várias características da definição relevantes para a discussão mais alargada da prevenção situacional da criminalidade. Estas incluem a garantia de que as medidas situacionais são orientadas para categorias altamente específicas de crime; o reconhecimento explícito de um vasto leque de potenciais criminosos que tentam satisfazer diversos motivos através de vários métodos; a garantia de um ambiente alterado concebido para perturbar o potencial infrator relativamente aos custos e benefícios associados à prática de um determinado crime; e que uma certa avaliação dos custos morais da infração faz parte dos julgamentos feitos por um potencial infrator.

A teoria afirma que a maioria dos infractores oportunistas são racionais na sua tomada de decisões e reconhecem, avaliam e respondem a sinais ambientais. Estas, segundo Cozens (2014), estão associadas ao esforço de recompensa relacionado com a infração e os factores ambientais, bem como ao risco percebido, que é parte integrante do processo de tomada de decisão no ambiente construído. Por outras palavras, Ozkan (2011) opina que, de acordo com os princípios da teoria, antes de um infrator tomar a decisão de vitimar, ele ou ela deve ter analisado os custos e benefícios prováveis.

Clarke & Cornish (1985) e Cornish & Clarke (1986) consideram a criminalidade como uma decisão racional de se envolver em actividades criminosas, tendo em conta a recompensa em relação a outras actividades legítimas. De acordo com estes estudos, vários factores podem influenciar a decisão de cometer um crime específico. Os factores contextuais incluem o temperamento, a inteligência, o estilo cognitivo, o sexo, a classe social, a educação, a vizinhança e o lar desfeito, entre outros. A experiência anterior, como a aprendizagem direta e vicariante, a atitude moral, a autopercepção, a previsão e o planeamento também contribuem para a escolha racional do crime. Cornish & Clarke (1986) avaliaram as soluções de modo a incluir o grau de esforço, a quantidade/imediatez da recompensa, a probabilidade e a gravidade da punição e os custos morais.

A teoria da escolha racional, a partir do resultado dos seus estudos, toma emprestados conceitos das teorias económicas do crime, mas procura evitar algumas das críticas feitas a estas teorias, incluindo que: (i) os modelos económicos ignoram, na sua maioria, as recompensas do crime que não podem ser facilmente traduzidas em equivalentes monetários; (ii) as teorias económicas não têm sido sensíveis à grande variedade de comportamentos que se enquadram no rótulo geral de crime, com a sua variedade de custos e benefícios, e, em vez disso, tendem a juntá-los como uma única variável nas suas equações; (iii) a modelação matemática formal das escolhas criminosas nas teorias económicas exige muitas vezes dados que não estão disponíveis ou que só podem ser utilizados através de suposições irrealistas sobre o que representam; e, finalmente, (iv) a imagem na teoria económica do decisor que maximiza a si próprio, com o motivo egoísta de ganhar a sua vantagem, não se adequa à natureza oportunista e irreflectida de muitos crimes (Clarke & Felson, 1993).

De acordo com Ozkan (2011), a teoria da atividade rotineira assenta na premissa de que o crime predeterminado resulta do encontro de um provável infrator e de um alvo adequado no tempo e no espaço sem uma tutela capaz. Por outras palavras, o crime não pode ocorrer onde existe um guardião capaz, mesmo quando um provável infrator encontra um alvo adequado (algo valioso). Na teoria, a tutela capaz representa um objeto, vivo ou não vivo, próximo do alvo, cuja presença dissuade o autor do crime. A tutela ativa não é necessariamente fornecida apenas por um agente da polícia ou um segurança, mas por qualquer pessoa ou coisa próxima do alvo (Felson & Clarke, 1998). Essencialmente, a teoria das actividades de rotina foi aplicada pela primeira vez ao crime predatório pelos criminologistas. Por definição, o crime predatório (ou de exploração) significa: um ato ilegal em que "alguém, de forma definitiva e intencional, rouba ou danifica a pessoa ou os bens de outrem" (Cohen & Felson, 1979).

A teoria do padrão de crime, segundo Brantingham & Brantingham (1981), enfatiza o papel da localização na ocorrência do crime no espaço de tempo. Isto é observado utilizando diferentes parâmetros que medem a ocorrência de crimes a nível da cidade, do bairro e do edifício. Destaca a forma como crimes específicos ocorrem em locais específicos e em momentos específicos. A teoria dos padrões de criminalidade também dá grande importância à localização do acontecimento criminoso, ao agressor e ao alvo, à medida que estes se agrupam no espaço e no tempo. Na modelação de diferentes tipos de crimes, os nós de atividade, os caminhos e as arestas são considerados importantes.

Os nós são locais centrais na vida das pessoas: casas, trabalhos, locais de lazer e centros comerciais. São locais de onde e para onde as pessoas se deslocam. Os percursos são as redes, como ruas ou caminhos pedonais, ao longo das quais as pessoas se deslocam para chegar aos seus destinos de rotina. As pessoas viajam de e para os seus nós através dos caminhos. De acordo com a teoria do padrão de criminalidade, as pessoas tornam-se vítimas e cometem crimes perto dos seus nós (Brantingham & Brantingham, 1995), porque passam a maior parte do seu tempo nesses locais. Os caminhos são importantes, porque eles determinam as áreas de consciência das pessoas. O local onde o crime se concentra está intimamente relacionado com os nós e percursos de vida das vítimas e dos infractores (Brantingham & Brantingham, 1995). Os limites são locais onde existe uma distinção suficiente que se refere a uma mudança percetível entre uma parte e outra. Os limites podem ser físicos ou perceptivos. Um rio ou uma autoestrada são exemplos de limites físicos. Um local onde a zona comercial termina e a zona residencial começa é um exemplo de limite percetivo. De acordo com Brantingham & Brantingham (1995), alguns crimes, como furtos em lojas, ataques raciais ou roubos, são mais prováveis de ocorrer nesses limites, porque nesses locais se juntam pessoas de bairros diferentes que não se conhecem (Ozkan, 2011).

A teoria do estilo de vida ou teoria da exposição ao estilo de vida é uma teoria da vitimização que reconhece que nem toda a gente tem o mesmo estilo de vida e que alguns estilos de vida expõem as pessoas a mais riscos do que outros estilos de vida (Hindelang *et.al.,* 1978, Fattah, 1993). As estratégias de controlo da criminalidade incluiriam então as que visam aumentar a tutela efectiva e reduzir a disponibilidade de delinquentes motivados. Basicamente, a teoria da exposição ao estilo de vida foi desenvolvida para explicar os correlatos do crime contra as pessoas e Cohen & Felson (1979) estenderam a teoria ao crime contra a propriedade. Por outras palavras, a teoria centra-se no estilo de vida dos indivíduos - quando e onde as pessoas vão, o que fazem, com quem socializam e com quem se encontram.

A criminalidade na paisagem residencial urbana da Nigéria tem sido considerada crescente e alarmante, com poucos esforços feitos para a melhorar, principalmente devido à utilização da abordagem primitiva do sistema penal e à escassez de investigação sobre a criminalidade e a sua prevenção (Agbola, 1997, Fabiyi, 2006, Olajide & Lizam, 2016). Espera-se que esta investigação estabeleça a possibilidade de reduzir drasticamente a criminalidade sem recorrer necessariamente à força (polícia ou/e prisão), adoptando medidas preventivas de bloqueio de oportunidades de crime nos bairros residenciais. Segundo os estudos, os crimes contra a propriedade (sob a forma de furto, violência na rua, roubo e crimes violentos) são mais pronunciados do que outras formas de crime no meio urbano (Gibbon, 2004; Cohen, 1990), devido ao facto de os edifícios residenciais serem utilizados como habitação e de, normalmente, se guardarem objectos de valor no seu interior, o que atrai os infractores, especialmente em economias em desenvolvimento como a Nigéria. Além disso, a vitimização é uma constante nos bairros residenciais, uma vez que os residentes podem muitas vezes deixar a casa vazia para se dedicarem a outras actividades, como compras, local de trabalho, centro de culto, recreação e outras, dando assim a um potencial criminoso livre acesso para operar (Olajide & Lizam, 2016).

O objetivo deste estudo é determinar os efeitos causais dos vários conceitos da teoria da oportunidade do crime (tal como enumerados anteriormente) sobre a criminalidade no bairro residencial, tal como demonstrado no quadro de avaliação da investigação (ver Figura 1).

Tabela 1: Componentes da teoria da oportunidade do crime

S/N	TYPE NAME	THRUST OF THE THEORY	AUTHOR(S) & YEAR	USEFULNESS	CRITICISM
1.	Situational Crime Prevention	Situational prevention is an opportunity-reducing measures that are directed at highly specific forms of crime, involve the management, design or manipulation of the immediate environment in as systematic and permanent way as possible, and make crime more difficult and risky, or less rewarding and excusable as judged by a wide range of offenders	Clarke, 1980	Available studies show that this theory had been proved to be useful in residential neighbourhood crime prevention.	It is overly simplistic atheoretical, problem of crime displacement, diversion of attention from underlying causes of crime, restriction of personal freedom, conservative and managerial approach to crime
2.	Lifestyle Theory	Fattah's study affirms that person's work and leisure activities that increase exposure to potential offenders (such as alcohol consumption in public places, late night use of public transport or the kind of car or quality of wears) tend to increase the risks of victimization.	Fattah, 1993; Hindelang, *et. al.* (1978).	This is quite relevant to residential neighbourhood security	It attempts to modify the people's lifestyle thereby limiting their freedom.
3.	Rational Choice Theory	The theory basically argues that crime is a result of rational choices based on analyses of anticipated costs and benefits. It relates to the perceived risk, reward and effort associated with the offence and environmental factors within the built/natural environment are an integral part of the decision-making process.	Clarke and Cornish, 1985; Cornish and Clarke, 1986	This is relevant in relation to offenders' behaviour to housing crime	The development of the 'bounded rationality model' tends to puncture the tenet of the theory and secondly better protected areas will simply displace crime.
4	Routine Activities Theory	The theory dwells on the premise that, predatory crime is a product of a likely offender's, a suitable target's convergence in time and space with the absence of a capable guardianship.	Cohen and Felson, 1979	There are empirical studies to support its relevance in residential burglary.	RAT tells who is more likely to be victimized. But who are the offenders? There is a correlation between criminal victims and offenders. Also, crime rates are generally proportional to the number of motivated offenders.
5.	Crime Pattern Theory	The theory highlights how specific crimes occur in specific locations and at specific times. Crime pattern theory examines differing scales, from patterns of crime at a meso level (city) to macro level (neighbourhood) to the micro level (building envelop). It also focuses on the offender and target as they converge in space and time with a particular emphasis on the place of the criminal event. Activity nodes, paths and edges are also important in the patterning of different types of crimes.	Brantingham and Brantingham, 1981	There are empirical studies to support its relevance in residential burglary and other violent crimes.	As an offshoot of situational crime prevention, it has been criticized by social crime prevention for being 'anti-social' because it does little to help individuals prone to committing crime. It has also been faulted to be individual-focused while statistics prove a large amount of crime is committed in groups.

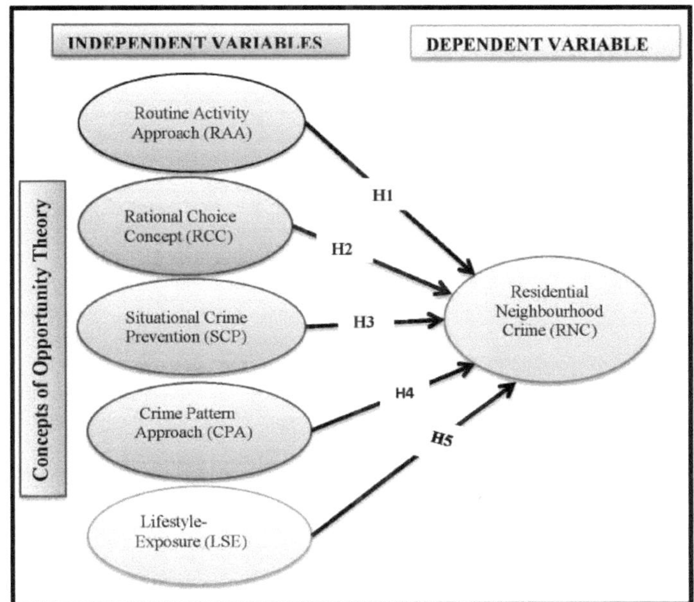

Figura 1: Quadro de avaliação da investigação

3.0 METODOLOGIA

O inquérito foi realizado entre janeiro e março de 2017 em Ado-Ekiti, a capital do Estado de Ekiti, na Nigéria. A investigação envolveu a recolha de dados com recurso a um questionário estruturado administrado aos habitantes da cidade, constituídos pela classe trabalhadora derivada das instituições terciárias e dos estabelecimentos governamentais localizados no centro urbano.

O objetivo da investigação é medir a influência da oportunidade na criminalidade em bairros residenciais. A oportunidade (variável independente) foi derivada das várias teorias associadas à oportunidade de crime. Estas incluem a escolha racional, o padrão de crime, a atividade de rotina, a prevenção situacional do crime e o estilo de vida. A criminalidade no bairro residencial representa as várias infracções que são cometidas no bairro residencial. Estes incluem o roubo, o furto e a incivilidade na rua, o roubo, o graffiti e o crime violento, entre outros. Vários estudos examinaram a relevância da oportunidade na prevenção do crime, incluindo Felson & Clarke (1998), Clarke & Cornish (1985), Brantingham & Brantingham (1995), Cornish & Clarke (2003) e Fattah (1993). É de notar que os estudos sobre a medição da influência da oportunidade na criminalidade no bairro residencial têm sido bastante limitados. Por conseguinte, a conceção de uma medida mais fiável, válida e contextual é uma questão importante (Dunstan, *et. al.* 2005). O presente estudo também utilizou critérios de avaliação semelhantes para criar um constructo mais fiável e válido para responder às hipóteses de investigação.

Nesta investigação, foram utilizadas as técnicas de amostragem intencional e de bola de neve. A amostragem intencional, no sentido em que a classe trabalhadora (instruída) foi visada devido à tecnicidade envolvida na investigação, e a amostragem por bola de neve, no sentido em que os trabalhadores das instituições terciárias e dos serviços públicos da capital do Estado de Ekiti foram os inquiridos visados. Foram produzidos e aplicados quatrocentos (400) questionários, tendo sido recolhidos 317, dos quais 288 foram finalmente utilizados para a análise após a seleção dos dados. A taxa de resposta ao inquérito foi de cerca de

77,63%, o que foi considerado adequado (Saunders, *et al.*, 2009). Para determinar a estrutura da amostra e a dimensão da amostra, estimou-se que o número total de funcionários capazes de responder ao questionário era de 6 000 (através das listas de pagamentos do pessoal) e, utilizando a calculadora da dimensão da amostra, a dimensão da amostra é de cerca de 382, pelo que se adoptou 400 por simples aproximação (Bartlett, *et. al.,* 2001).

No decurso desta investigação, o instrumento foi medido através de uma escala de Likert. A escala de Likert foi "desenvolvida com o princípio de medir as atitudes pedindo às pessoas que respondam a uma série de afirmações sobre um tópico, em termos do grau em que concordam com elas, e assim explorar as componentes cognitivas e afectivas das atitudes" (Likert, 1932; McLeod, 2008). As pontuações basearam-se numa escala de Likert de cinco pontos que varia entre "discordo totalmente" e "concordo totalmente". Esta escala permite a liberdade de opinião e uma relativa facilidade de análise dos dados, partindo do pressuposto de que a força/intensidade da experiência é linear (McLeod, 2008). Lorenzo *et al.* (2008) recomendaram uma escala mínima de 4 a 11. No entanto, Dawes (2008) também argumentou que o aumento do número de opções de resposta não tem um efeito significativo na fiabilidade ou validade da escala. Além disso, Johns (2010) afirmou que, quando a escala de resposta é inferior a 5 pontos, a resposta torna-se significativamente imprecisa porque mede apenas a direção em vez da magnitude. Do mesmo modo, segundo ele, as escalas de mais de cinco (5) pontos geralmente dificultam a distinção entre as escalas para os inquiridos. Por conseguinte, este instrumento foi medido numa escala de 1 a 5, de discordo totalmente (1) a concordo totalmente (5). As perguntas relativas a cada um dos constructos foram adaptadas, adoptadas e formuladas através da literatura relacionada, enquanto o teste de fiabilidade foi realizado para medir a consistência interna dos instrumentos de investigação.

Os dados adquiridos através dos questionários para responder às questões de investigação foram resumidos e analisados utilizando o MS Excel 2013, SPSS v22 e AMOS v20. Os comentários dos inquiridos às perguntas abertas do questionário foram igualmente quantificados e utilizados nas análises.

4.0 ANÁLISE DOS DADOS

\4.1 Análise de fiabilidade

A essência da realização da análise de fiabilidade de cada constructo é avaliar a consistência interna do instrumento de medição através do alfa de Cronbach. A Tabela 2 apresenta o resultado da análise de fiabilidade para a Criminalidade na Vizinhança Residencial (CVR), a Abordagem da Atividade de Rotina (AAR), o Conceito de Escolha Racional (CCR), a Prevenção Situacional do Crime (PCS), a Abordagem do Padrão de Crime (APC) e o Estilo de Vida-Exposição (EV). O alfa de Cronbach para NRC, RAA, RCC, SCP, CPA e LSE é de 0,688, 0,907, 0,879, 0,885, 0,871 e 0,825, respetivamente. Estes valores excedem 0,60, indicando que os itens são fiáveis para medir os respectivos constructos (Pallant, 2011).

Tabela 2: Análise de fiabilidade

Factors/Constructs	Code	No. of Question	Cronbach Alpha
Residential Neighbourhood Crime (RNC)	2	3	0.688
Routine Activity Approach (RAA)	3	8	0.907
Rational Choice Concept (RCC)	4	6	0.879
Situational Crime Prevention (SCP)	5	8	0.885
Crime Pattern Approach (CPA)	6	6	0.871
Life Style -Exposure (LSE)	7	5	0.825

4.2 Normalidade dos dados

Ao aplicar a modelação de equações estruturais, é necessário que os dados sejam normalmente distribuídos.

Por conseguinte, é necessário confirmar a normalidade dos dados (Hair, *et. al.*, 2011). Neste estudo em particular, todos os valores de assimetria e curtose para os seis (6) constructos são inferiores a +1 e -1, o que indica a normalidade multivariada dos dados distribuídos (Pallant, 2011).

4.3 Modelação de equações estruturais (SEM) utilizando a análise de estruturas de momentos (AMOS)

O SEM-AMOS é um software que engloba técnicas estatísticas tão diversas como a análise de caminhos, a análise fatorial confirmatória, a modelação causal com variáveis latentes, a análise de variância e as regressões lineares múltiplas. O AMOS pode ser acedido de várias formas, mas, para efeitos deste estudo, foi acedido através do licenciamento de uma cópia do Statistical Package for Social Sciences (SPSS), versão 22, destinada a computadores pessoais.

Essencialmente, a SEM é uma extensão do modelo linear geral (GLM) que permite ao investigador testar um conjunto de equações de regressão em simultâneo. A abordagem básica para efetuar uma análise SEM inclui o estabelecimento da teoria relevante, a construção do modelo, a construção do instrumento, a recolha de dados, o teste do modelo, os resultados e a interpretação. O modelo consiste num conjunto de relações entre as variáveis medidas. Estas relações são depois expressas como restrições ao conjunto total de relações possíveis. Os resultados apresentam índices globais de ajustamento do modelo, bem como estimativas dos parâmetros, erros-padrão e estatísticas de teste para cada parâmetro livre do modelo (Awang 2015).

A escolha do software SEM-AMOS para este estudo foi considerada desejável em resultado de um certo número de virtudes atractivas de que goza, como hipóteses claras e testáveis subjacentes às análises estatísticas, o que dá ao investigador um controlo total e, potencialmente, uma maior compreensão das análises; uma interface gráfica que estimula a criatividade e facilita a depuração rápida do modelo; possibilidade de comparar simultaneamente os coeficientes de regressão, a média e as variâncias; realização simultânea de testes globais de ajustamento do modelo e de testes de estimativa de parâmetros individuais; possibilidade de eliminar erros através da medição e da análise fatorial confirmatória e a sua qualidade mais atraente, entre outras (Awang, 2015).

4.4 Modelo de medição

A utilização da modelação de equações estruturais (SEM) na análise dos dados através do software AMOS 21.0 exigiu uma abordagem em duas etapas que foi empregue como pré-requisito para a utilização da SEM (Awang, 2015). A primeira etapa exigiu a preparação do modelo de medição estimado para efeitos da análise fatorial confirmatória (AFC) com o objetivo principal de verificar o ajuste e a validade do modelo. A qualidade do ajuste está em conformidade com os princípios estabelecidos. Os resultados, tal como apresentados na Figura 2, mostram que as cargas factoriais após a eliminação necessária foram consideradas significativas. Ou seja, não inferior a 0,6 (Hair, *et. al.*, 2011; Awang, 2014); o qui-quadrado/df situou-se em 1,787, o que é inferior ao valor de referência 0f < 5,0 (March & Hocevar, 1985); o CFI é 0,920 (Bentler, 1990). O TLI é de 0,912 (Bentler & Bonett, 1980); o RMSEA (root mean square error of approximation) é de 0,053, inferior ao valor de referência < 0,080 (Browne, Cudeck & Bollen, 1993). Em resumo, estes resultados satisfazem todos os critérios recomendados para um bom ajuste do modelo (Hair, *et. al.*, 2011; Babin, *et. al.*, 1994; Awang, 2015).

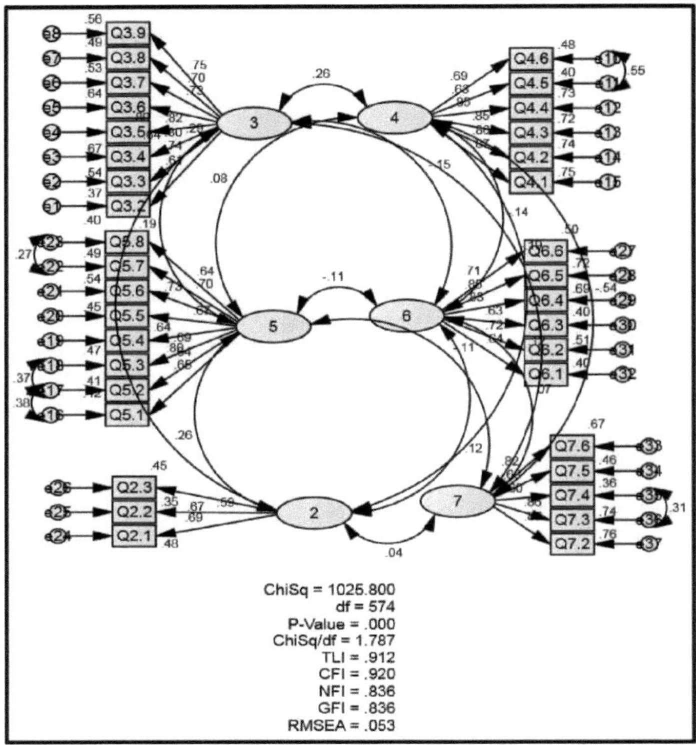

Figura 2: O modelo de medição

Para garantir que o modelo se ajusta corretamente, os dados foram também testados quanto à validade do constructo, que envolveu a validade discriminante e convergente, bem como a matriz de correlação para todos os constructos da investigação (Hair, *et. al.*, 2011; Awang, 2014).

A validade discriminante é alcançada quando a raiz quadrada da Variância Média Extraída (AVE) é superior à correlação com outros constructos (Hair, *et. al*, 2011). As cargas de todos os indicadores reflexivos são superiores a 0,6 depois de os dados terem sido refinados através de um teste de fiabilidade (alfa de Cronbach) e de uma análise fatorial expositiva (AFE). Os valores da fiabilidade composta para todos os constructos reflexivos são superiores a 0,7 (Hair, *et. al.* 2011; Awang, 2015) e a AVE para cada constructo é superior a 0,50 (Fornell & Larcker, 1981), confirmando a validade convergente, como se pode ver nos Quadros 3 e 4.

Tabela 3: Cargas de factores, fiabilidade composta (CR) e variância média extraída (AVE)

Code Items	Factor Loadings	CR	AVEs
2. Residential Neighbourhood Crime (RNC)		0.771	0.459
2.1 There is correlation between opportunity and criminal tendencies	0.69		
2.2 Provision of preventive gadgets can deter offenders	0.59		
2.3 Burglary usually occurs in neighbourhoods when the residents are not around	0.67		
3. Routine Activity Approach (RAA)		0.911	0.563
3.1 Exposed accommodation is a target of burglary	0.75		
3.2 Accommodation left untidy can attract victimization	0.73		
3.3 The number of adults in an household could influence criminal attack	0.72		
3.4 The period of time a house is left empty can influence burglary	0.80		
3.5 Presence of neighbourhood watch, dogs or CCTV can scare offenders	0.81		
3.6 Accommodation with more women than men can be a target of victimization	0.82		
3.7 Married couples are less victimized compared to singles	0.74		
3.8 Accommodation proximity to bus-stop and highways can influence offending	0.61		
4. Rational Choice Concept (RCC)		0.910	0.599
4.1 Orientation and re-orientation of people against crime can curb crime	0.87		
4.2 Increase in punishment should ordinarily decrease offending	0.86		
4.3 People's preference for offending are influenced by the expected outcome benefits	0.86		
4.4 Loss of legitimate income influences offending	0.85		
4.5 The decision to is influenced by people's preference	0.86		
4.6 The choice to offend is using the same principles of cost-benefit analysis	0.62		
4.7 People offend when the expected return is higher than what legal work will bring	0.69		
5. Situational Crime Prevention (SCP)		0.880	0.482
5.1 Target hardening (like lock and key) can discourage offenders	0.54		
5.2 A well-maintained residential neighbourhood can reduce victimization	0.64		
5.3 Activity support within the residential neighbourhood can reduce crime	0.65		
5.4 There is a positive relationship between residential design and victimization	0.66		
5.5 Rioting can encourage looting	0.78		
5.6 Poverty can trigger criminal tendency	0.75		
5.7 Homelessness can encourage victimization	0.72		
5.8 Incessant incivility within the neighbourhood can cause offending.	0.78		
6. Crime Pattern Approach (CPA)		0.874	0.540
6.1 When activities are repeated frequently, it can aid decision to commit crime	0.71		
6.2 Networks of family, friends and acquaintances can influence crime	0.85		
6.3 Individuals have a range of routine daily activities that can give rise to offending	0.83		
6.4 Crime attractors are created when targets are located at nodal point of potential offender	0.63		
6.5 There is a relationship between property crime and the environment they occur	0.72		
6.6 GIS is a powerful practical tool in the presentation of crime data	0.64		
7. Life –Style Exposure (LSE)		0.898	0.598
7.1 Design, height and type of property fence can attract offender	0.81		
7.2 Number of cars owned by a household can attract victimization	0.70		
7.3 Employment status of a householder can make one a target of victimization	0.67		
7.4 The dichotomy between the rich and the poor can contribute to property crime	0.89		
7.5 Household annual income and mode of dressing can influence victimization	0.85		

a. Composite Reliability (CR) = (square of the summation of the factor loadings)/ {(square of the summation of the factor loadings) + (square of the summation of the error variances)}.

b Average Variance Extracted (AVE) = (summation of the square of the factor loadings)/ {(summation of the square of the factor loadings) + (summation of the error variances)}.

Quadro 4: Matriz de correlação para todos os construtos da investigação

	2	3	5	5	6	7
2	**0.68**					
3	0.29	**0.75**				
4	0.14	0.26	**0.77**			
5	0.26	0.19	0.08	**0.69**		
6	0.12	0.15	0.14	0.11	**0.74**	
7	0.04	0.19	0.54	0.11	0.07	**0.77**

4.5 MODELO ESTRUTURAL

O modelo estrutural foi desenvolvido com o objetivo de testar as hipóteses propostas, tal como apresentado no quadro de avaliação da investigação (diagrama de análise de trajetória) na figura 1. O modelo CFA obtido está perfeitamente ajustado, uma vez que os valores de todas as medidas estimadas GFI, AGFI, CFI, TLI e RMSEA são iguais ou superiores ao nível de limiar. A Figura 3 apresenta graficamente o modelo estrutural, enquanto os Quadros 5 e 6 mostram o peso da regressão padronizada e a sua significância para todo o caminho no modelo e o resumo das hipóteses testadas nesta investigação, respetivamente.

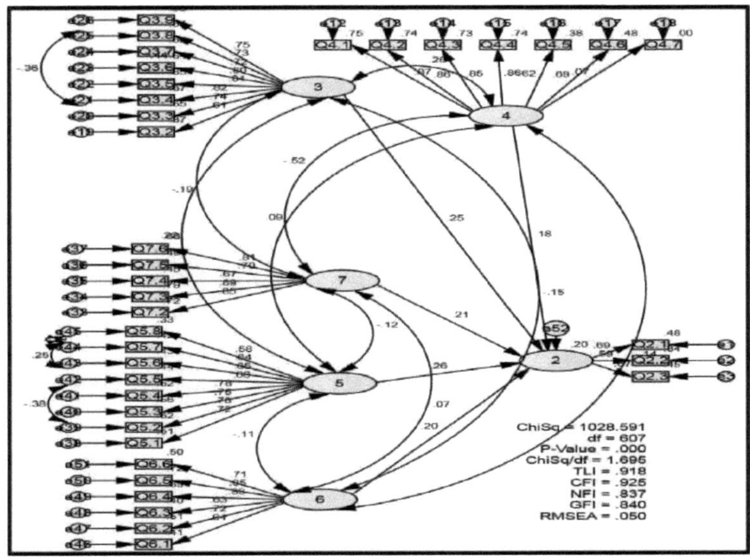

Figura 3: O modelo estrutural

Tabela 5: O peso padronizado da regressão e a sua significância para todo o caminho no modelo.

Construct	Path	Construct	Estimate	S.E	C.R	P-Value	Result
RNC	<---	RAA	0.26	0.083	3.134	0.002	Significant
RNC	<---	RCC	0.12	0.058	2.050	0.040	Significant
RNC	<---	SCP	0.26	0.074	3.406	***	Significant
RNC	<---	CPA	0.24	0.089	2.646	0.008	Significant
RNC	<---	LSE	0.16	0.058	2.474	0.013	Significant

SCP = Situational Crime Prevention; CPA = Crime Pattern Approach; RNC = Residential Neighbourhood Crime; RAA = Routine Activity Approach Value; RCC= Rational Choice Concept; LSE = Lifestyle-Exposure

Quadro 6: Resumo das hipóteses testadas nesta investigação

S/N		The main hypothesis statement in the research	Estimate	P-value	Result
1.	H1	There is direct relationship between routine activity approach and neighbourhood crime	0.26	0.002	Supported
2.	H2	There is a significant relationship between rational choice concept and neighbourhood crime	0.12	0.040	Supported
3.	H3	Situational crime prevention (SCP) has direct impact on residential neighbourhood crime.	0.26	***	Supported
4.	H4	There is direct relationship between crime pattern approach and Neighbourhood crime	0.24	0.008	Supported
5.	H5	Lifestyle exposure has direct impact on residential neighbourhood crime	0.16	0.013	Supported

Key: *** represents P-value is less than 0.001

5.0 DISCUSSÃO

A revisão exaustiva da literatura facilitou a apresentação do modelo de investigação com hipóteses anteriormente apresentadas no Quadro 6. Os resultados das hipóteses no Quadro 5 descrevem o resultado de cada caminho respeitado no modelo de medição estrutural. Por conseguinte, a hipótese de cada caminho nesta investigação é apresentada em conformidade nos parágrafos seguintes.

Hipótese (H_1): A abordagem da *atividade de rotina (AAR) tem um efeito significativo e direto sobre a criminalidade no bairro residencial (CVI)*. O resultado mostra que a abordagem da atividade de rotina (P = 0,26, z = 3,134 e p = 0,002) é fortemente significativa para a criminalidade no bairro residencial. Por conseguinte, a hipótese H1 é apoiada e considerada verdadeira. O resultado da investigação confirma que a atividade de rotina é considerada um fator determinante muito importante da criminalidade em bairros residenciais. Isto implica que, na perspetiva dos inquiridos, o movimento e as actividades quotidianas no bairro podem ser um fator de atração para diferentes delitos no bairro residencial, especialmente o roubo.

Além disso, este resultado da investigação é coerente com os resultados empíricos de Cohen & Felson (1979); Wooldredge & Cullen & Latessa (1992); Wittebrood & Nieuwbeerta (2000); e Eck (1994), nos quais estes autores defendem que a atividade rotineira pode criar um caminho para várias formas de delitos no bairro residencial.

Hipótese (H_2): *Existe uma relação significativa entre o Conceito de Escolha Racional (CCR) e a Criminalidade na Vizinhança Residencial (CVR)*. Na mesma linha, os resultados da investigação revelaram que o Conceito de *Escolha Racional* (P = 0,12, z = 2,050 e p = 0,040 < 0,05) tem um impacto significativo na criminalidade nos bairros residenciais nigerianos. Por conseguinte, a hipótese é aceite e apoiada empiricamente por esta investigação.

Com Cornish & Clarke (1986), as teorias da escolha racional do crime surgiram para explicar o comportamento criminoso como uma função da recompensa e da punição esperadas, ponderadas pela probabilidade subjectiva de detenção (Piliaving, *et. al.*, 1986). Considerando a aplicação das TCR, as entrevistas de Jacobs (1996) com 40 traficantes activos de crack mostram que o seu comportamento e as suas estratégias interpessoais são determinados conjuntamente pelo seu desejo de maximizar o lucro das suas vendas e de maximizar a possibilidade de detenção por agentes infiltrados. Os traficantes, que interagem sobretudo com uma clientela anónima, utilizam estenografia perceptiva com clientes desconhecidos; trata-se de técnicas de observação e de testes para detetar o engano por parte dos clientes. Também a análise de Horney e Marshall (1992) de dados recolhidos junto de adultos encarcerados por crimes graves confirma que a perceção subjectiva do risco de detenção por parte do criminoso é actualizada de forma realista pela sua própria experiência no crime em questão; aqueles que cometem o crime muitas vezes sem serem apanhados diminuem a sua expetativa de deteção, enquanto aqueles que são apanhados na maioria das vezes aumentam subsequentemente a sua perceção do risco. A aplicação e as provas empíricas da teoria da escolha racional nos crimes contra a propriedade são explicitamente mencionadas nos trabalhos de Eck & Weisburd (2015), Cornish & Clarke (1986), LaVigne (1991), White (1990) e Wikstrom (1995).

Hipótese (H3): *A prevenção situacional da criminalidade (PCS) tem um impacto direto na criminalidade em bairros residenciais (CRI).* Conforme apresentado na Tabela 6, o resultado da investigação mostra que a prevenção situacional do crime (P = 0,26, Z = 3,406 e p = 0,000 < 0,001) é significativa e tem um efeito direto sobre a criminalidade no bairro residencial. O resultado desta investigação mostrou um forte apoio à hipótese H3, conforme demonstrado no modelo de medição estrutural final (ver Figura 3). Por conseguinte, os resultados da investigação mostram que, no que diz respeito ao público (inquiridos), qualquer esforço feito para bloquear todas as oportunidades de vitimização é um passo para reduzir a criminalidade. Isto, por outras palavras, traduz o facto de a prevenção situacional do crime influenciar o crime contra a propriedade. Por conseguinte, a hipótese de investigação acima referida é apoiada.

Este resultado da investigação corrobora estudos anteriores segundo os quais, não obstante as críticas dos criminologistas contra o PEC, existem inúmeras provas práticas e empíricas de que o PEC é um instrumento potente contra a criminalidade imobiliária (Crawford & Evans, 2016). Para alguns comentadores britânicos, as medidas do PEC têm sido uma força motriz fundamental por detrás da histórica "queda da criminalidade" - nomeadamente a diminuição da criminalidade imobiliária - desde o início e meados da década de 1990, tanto no Reino Unido como noutros países (Farrell, *et al.* 2011; 2014; Van Dijk, *et al.* 2012). Esta "hipótese da segurança" defende que a criminalidade diminuiu devido a uma redução das oportunidades de crime causada por melhorias no nível e na qualidade da segurança. Isto inclui, sobretudo, a melhoria da segurança dos veículos, em particular os imobilizadores electrónicos e os sistemas de fecho centralizado, e o reforço da segurança dos agregados familiares através de alarmes contra roubo e de normas de conceção de segurança (dado o volume de roubos e assaltos de automóveis no passado). Há também sugestões de que a diminuição dos crimes contra a propriedade pode ter reduzido a violência como um efeito indireto dos mesmos processos (Farrell, *et al.* 2016). A ligação explicativa é feita através da investigação sobre carreiras criminais, que conclui que a maioria das carreiras criminais é dominada por crimes contra a propriedade e que os crimes contra a propriedade são frequentemente os primeiros crimes que dão início a uma carreira criminosa. Consequentemente, se as melhorias de segurança reduziram o volume de crimes contra a propriedade, sugere-se que este facto pode ter provocado a diminuição dos crimes violentos menos prevalecentes, com base no facto de grande parte da violência estar provavelmente ligada, de alguma forma, à criminalidade aquisitiva. A um nível macro, estes resultados da investigação sugerem efeitos de deslocação limitados - que durante muito tempo foram o calcanhar de Aquiles das abordagens situacionais. Para este efeito, parecem reforçar as conclusões de outros (Guerette & Bowers 2009). No entanto, têm-se registado algumas críticas significativas à "hipótese da segurança". A mais proeminente é a deslocação para novas formas de crime em linha, eletrónico e cibernético (Office for National Statistics, 2016).

Hipótese (H4): A Abordagem do Padrão de *Crime (CPA) tem um impacto direto no Crime na Vizinhança Residencial (RNC).* Conforme apresentado na Tabela 6, o resultado da investigação mostra que a abordagem do padrão de criminalidade (P = 0,24, Z = 2,646 e p = 0,008 < 0,05) é significativa e tem um efeito direto sobre a criminalidade no bairro residencial. O resultado desta investigação mostrou um forte apoio à hipótese H4, conforme demonstrado no modelo de medição estrutural final (ver Figura 3). Por conseguinte, os resultados da investigação mostram que o local e a situação têm uma influência relevante na oportunidade de vitimização num bairro residencial num contexto urbano nigeriano. Isto, por outras palavras, traduz-se no facto de a abordagem do padrão de crime influenciar o crime contra a propriedade. Por conseguinte, a hipótese de investigação acima referida é apoiada.

O resultado desta pesquisa está de acordo com estudos existentes e relacionados, onde se afirma fortemente que o lugar e o ambiente desempenham um papel vital na determinação das causas imediatas da vitimização frequente no bairro residencial. Herbert & Hyde (1985) afirmam que as áreas pessoalmente conhecidas em torno de casa ou de outros pontos de atividade de rotina podem ser isoladas pela estrutura da rede de ruas dos principais fluxos de pessoas e podem ser conhecidas por relativamente poucas pessoas. Essas áreas seriam abrangidas pelos espaços de consciência de menos infractores potenciais e seriam alvos menos prováveis de crime. Os crimes que ocorrem nessas áreas são provavelmente cometidos por pessoas de dentro - pessoas que pertencem ou frequentam habitualmente o bairro. O trabalho sobre roubo residencial (Brantingham & Brantingham, 1991) encontrou forte apoio para isso: As partes interiores das áreas residenciais tinham taxas de assalto muito mais baixas do que as zonas fronteiriças que eram conhecidas por pessoas de várias áreas residenciais.

No trabalho de Brantingham & Brantingham (1993), concluiu-se que, para que um crime ocorra, o criminoso tem de localizar um alvo ou vítima no seu espaço de consciência. O espaço de consciência de um criminoso alterar-se-á com novas informações e como resultado de uma pesquisa. A expansão de um espaço de consciência ocorrerá muito provavelmente de forma interligada; as fronteiras ou limites das áreas atualmente conhecidas serão exploradas em primeiro lugar. Ao explorar novas áreas, o potencial infrator terá mais facilidade em penetrar em áreas com redes de estradas previsíveis. As áreas com ruas em grelha são mais previsíveis do que as áreas com estradas sinuosas, becos sem saída ou becos sem saída. Outros estudos relacionados a este respeito incluem Taylor & Lee (1988), Sheard (1991), e Cromwell, *et al.*, (1991).

Hipótese (H_5): A exposição *ao estilo de vida (LSE) tem um impacto direto na criminalidade no bairro residencial (RNC).* Na mesma linha, os resultados da investigação revelaram que *a exposição ao estilo de vida* (P = 0,16, z = 2,474 e p = 0,013 < 0,05) tem um impacto significativo na criminalidade no bairro residencial. Por conseguinte, a hipótese é considerada verdadeira e apoiada empiricamente por esta investigação. A implicação deste resultado é que a vitimização pode ocorrer devido à forma como os residentes se comportam no bairro, bem como ao tipo de pares que mantêm.

Essencialmente, este resultado é consistente com os estudos de investigação anteriores. Há evidências empíricas de que tanto a vitimização patrimonial como a violenta aumentam com a exposição; muitos estudos concluem que o aumento do tempo gasto em actividades de lazer - especialmente aquelas localizadas fora de casa - aumenta o risco de vitimização (Bunch, Clay-Warner & Lei, 2015; Fisher, Daigles & Cullen, 2010; Gibson, Fagan & Antle, 2014; Maimon & Browning, 2012). Por exemplo, utilizando o British Crime Survey, Sampson & Lauritsen (1990) e Miethe & Meier (1994) concluíram que as pessoas que passavam mais noites fora de casa tinham maior probabilidade de serem agredidas. No entanto, a investigação que examina tipos específicos de actividades demonstrou que nem todas as actividades estão relacionadas com a vitimização e que algumas actividades proporcionam, de facto, proteção contra a vitimização (Henson, Wilcox, Reyns, & Cullen, 2010; Mustaine & Tewksbury, 1998). Uma indicação adicional de exposição é o estilo de vida delinquente ou criminoso, que é especialmente arriscado porque a infração expõe frequentemente a pessoa a outros infractores, aumentando assim o risco de vitimização (Mustaine & Tewksbury, 2002; Tillyer, Fisher, & Wilcox, 2011). Da mesma forma, a associação a grupos de pares delinquentes está relacionada com a vitimização, uma vez que também aumenta a exposição a potenciais infractores (Schreck & Fisher, 2004; Schreck, Miller, & Gibson, 2003; Wilcox, Tillyer, & Fisher, 2009).

6.0 CONCLUSÃO

Em consonância com o objetivo principal desta investigação, ou seja, medir a influência da oportunidade no crime em bairros residenciais, os resultados da análise confirmaram a hipótese principal de que a oportunidade é um fator-chave que influencia a tendência de vitimização, especialmente no bairro residencial. Assim, se os princípios inerentes às várias teorias de oportunidade de crime examinadas neste estudo (atividade rotineira, prevenção situacional do crime, padrão de crime, escolha racional e estilo de vida) puderem ser seguidos com tenacidade, o resultado será uma redução drástica da tendência crescente do crime em bairros residenciais.

O resultado desta investigação está de acordo com trabalhos de investigação anteriores. Por exemplo, nos Estados Unidos, foi efectuado um estudo para investigar o aumento dramático dos assaltos a residências durante as décadas de 1960 e 1970. Uma análise cuidadosa efectuada por Cohen & Felson (1979) mostrou que este aumento se devia a uma combinação de tentação e oportunidade. A oportunidade de cometer um furto aumentou consideravelmente devido ao facto de um número muito maior de mulheres sair para trabalhar e à utilização de CCTV. Também na década de 1980, na Alemanha, um estudo sobre o roubo de motociclos identificou a oportunidade como o seu elemento crucial. O roubo de motociclos tinha diminuído drasticamente de cerca de 150 000 em 1980 para cerca de 50 000 em 1986. Este enorme declínio foi o resultado de uma nova lei aprovada em 1980 que tornava ilegal conduzir um motociclo na Alemanha sem capacete. A lei foi gradualmente aplicada de forma mais rigorosa durante o período e resultou no grande declínio do roubo de motociclos (Clarke, 1980; Mayhew, *et. al.*, 1989).

Além disso, uma boa compreensão e implementação da influência da oportunidade no crime, especialmente na propriedade, pode contribuir muito para garantir a sustentabilidade da habitação, o aumento das receitas públicas, especialmente do imposto sobre a propriedade, a redução das despesas públicas com o controlo do crime e, mais importante ainda, o aumento do valor da habitação, o que, por extensão, pode levar a um aumento do investimento na habitação. De facto, espera-se que esta investigação sirva de alerta aos investigadores para que acelerem os esforços de investigação neste sentido, apontando especialmente a sua relevância no contexto urbano dos países em desenvolvimento. A investigação também serve de apelo aos vários sectores do governo nigeriano para que encarem a criminalidade nos bairros residenciais como uma ameaça social que exige atenção urgente, não só patrocinando a investigação académica a este respeito, mas também assegurando que os resultados/recomendações da investigação sejam trabalhados e implementados. Como parte da responsabilidade do governo, devem ser criados departamentos de prevenção da criminalidade para promover a investigação em colaboração com os organismos responsáveis pela aplicação da lei. Em suma, tendo em conta as consequências da criminalidade nos bairros residenciais para os residentes, para o ambiente e até para o governo (Olajide, et.al., 2017; Anderson, 1999), não se espera que sejam poupados esforços no combate a esta ameaça, o que torna esta investigação louvável. Devido ao tempo, ao espaço e à necessidade de cumprir rigorosamente o objetivo principal do estudo, os autores não puderam aprofundar os conceitos ou/e as variáveis associadas. No entanto, este facto é tratado como uma oportunidade para investigação futura.

REFERÊNCIAS

Agbola T. (1997). The Architecture of Fear: Urban Design and Construction Response to Urban Violence in Lagos, Nigeria. Relatório de Investigação, *IFRA*, Nigéria. http://www.openedition.org/6540. Acedido em 15 de novembro, 2014.

Anderson, D. A. (1999). The aggregate burden of crime. *The Journal of Law and Economics*, *42* (2), 611-642.

Awang, Z. (2015), SEM Made Simple. Selangor: MPWS Rich Publication.

Awang, Z. (2014), A Handbook on Structural Equation Modeling (Manual de modelação de equações estruturais). Selangor: MPWS Rich Publication. Babin, B. J., Darden, W. R., & Griffin, M. (1994), Work and/or fun: measuring hedonic and

valor de compra utilitário. *Journal of consumer research,* 20(4):644-656.

Bartlett, J. E., Kotrlik, J. W. & Higgins, C. C. (2001), Organizational Research: Determining Appropriate Sample Size in Survey Research. *Information Technology, Learning and Performance Journal,* 19(1):43-50.

Bentler, P. M. (1990), Comparative fit indexes in structural models. *Psychological bulletin*, 107(2):238.

Bentler, P. M., & Bonett, D. G. (1980). Significance tests and goodness of fit in the analysis of covariance structures. *Psychological Bulletin,* 88(3):588-606.

Brantingham, P. L., & Brantingham, P. J. (1995). Location quotients and crime hot spots in the city. *Crime analysis through computer mapping*, 129-149.

Brantingham, P. L. & Brantingham, P. J. (1993). "Nós. Paths and Edges: Considerações sobre Criminologia Ambiental". *Journal ofEnvironmental Psychology* 13:3-28.

Brantingham, P. J. e P. Wong (1991). "How Public Transit Feeds Private Crime: Notes on the Vancouver "Skytrain' Experience". *Security Journal* 2:91-95.

Brantingham, P. J. & Brantingham, P. L. (1981). Introduction: The dimensions of crime. *Environmental criminology*, 7-26.

Browne, M. W., & Cudeck, R. (1993), Alternative ways of assessing model fit. *Sage focus editions*, 154:136-136.

Bullock, K., Clarke, R. V. G., & Tilley, N. (2010). *Situational prevention of organised crimes*. Taylor & Francis.

Bunch, J., Clay-Warner, J., & Lei, M. K. (2015). Características demográficas e risco de vitimização: Testando os efeitos mediadores das actividades de rotina. *Crime & Delinquency*, 61(9), 1181-1205.

Clarke, R. V. (2005). Sete equívocos da prevenção situacional do crime. *Handbook of crime prevention and community safety*, 39-70.

Clarke, R. V. (1997). *Situational crime prevention: successful case studies. Nova Iorque: Harrow and Heston.* ISBN 0-911577-39-4.

Clarke, R. V. (1980). Prevenção de Crime "Situacional": Theory and Practice. *The British Journal of Criminology*, *20*(2), 136-147.

Clarke, R. V., & Cornish, D. B. (1985). Modeling offenders' decisions: A framework for research and policy.

Crime and justice, 6, 147-185.

Clarke RV, & Felson M. (1993). Routine Activity and Rational Choice (Atividade de rotina e escolha racional). New Brunswick, NJ: Transaction

Cohen, M. A. (1990). Uma nota sobre o custo do crime para as vítimas. *Estudos Urbanos,* 27 (1), 139-146.

Cohen, L. E., & Felson, M. (1979). Social change and crime rate trends: Uma abordagem de atividade de rotina. *American sociological review,* 588-608.

Cohen, L. E., Felson, M., & Land, K. C. (1980). Property crime rates in the United States: A macrodynamic analysis, 1947-1977; with ex ante forecasts for the mid-1980s. *American Journal of Sociology, 86*(1), 90-118.

Cohen, L. E, & Cantor, D. (1981). "Residential burglary in the United States: Lifestyle and demographic factors associated with the probability of victimization." *Journal of Research in Crime and Delinquency* 18(1), 113-27

Cornish, D. B., & Clarke, R. V. (2003). Oportunidades, precipitadores e decisões criminais: Uma resposta à crítica de Wortley sobre a prevenção situacional do crime. *Crime prevention studies, 16,* 41-96.

Cornish D. B, Clarke R. V, eds. (1986). *The Reasoning Criminal: Rational Choice Perspectives on Offending.* New York: Springer-Verlag

Corrado, R., Roesch, R., Glackman, W., Evans, J. & Ledger, G. (1980). "Estilos de vida e vitimização pessoal: A test of the model with Canadian survey data." *Journal of Crime and Justice* 3, 129-139.

Cozens, P. (2014). *Pensar o crime! Usando provas, teoria e prevenção do crime através do design ambiental (CPTED) para planear cidades mais seguras.* Perth, WA: Praxis Education.

Crawford, T.A.M. & Evans, K (2016) Prevenção do Crime e Segurança Comunitária. In: Leibling, A, Maruna, S e McAra, L, (eds.) *Oxford Handbook of Criminology* (sexta edição). Oxford University Press , Oxford.

Cromwell. P. F., Olson, J. N. & Avary, D. W. (1991). *Breaking and Entering: An Ethnographic Analysis ofBurglary.* Newbury Park, Califórnia: Sage.

Dijk, J. J. V. (1994). Understanding crime rates: on the interactions between the rational choices of victims and offenders. *The British Journal of Criminology,* 34(2), 105-121.

Dunstan, F., Weaver, N., Araya, R., Bell, T., Lannon, S., Lewis, G., ... & Palmer, S. (2005). Uma ferramenta de observação para ajudar na avaliação de ambientes residenciais urbanos. *Journal of Environmental Psychology, 25*(3), 293-305.

Eck, J.E. (1994). "Mercados de Drogas e Locais de Drogas: A Case-Control Study of the Spatial Structure of Illicit Drug Dealing". Dissertação de doutoramento, Universidade de Maryland, College Park.

Eck, J. E., & Weisburd, D. L. (2015). Locais de crime na teoria do crime. Imprensa de Justiça Criminal. Maryland.

Fabiyi, O. O. (2006). Community building as a response to insecurity; an overview of non- state security initiatives in Ibadan residential neighbourhoods. *Fórum Urbano* 17 (4), 380-397.

Farrell, G., Tseloni, A., Mailley, J. & Tilley, N. (2011) 'The Crime Drop and the Security Hypothesis', *Journal ofResearch in Crime and Delinquency,* 48(2): 147-75.

Farrell, G., Tilley, N. & Tseloni, A. (2014) "Why the Crime Drop?", *Crime and Justice,* 421-90.

Farrell, G., Tseloni, A. e Tilley, N. (2016) 'Signature dish: Triangulation from data signatures to examine the role of security in falling crime", *Methodological Innovations,* 9: 1-11.

Fattah, E. A. (1993). A perspetiva da escolha racional/oportunidade como veículo de integração das teorias criminológicas e vitimológicas. Routine activity and rational choice*: Advances in criminological theory,* 5, 225-258.

Felson, M. (1987). "Actividades de rotina e prevenção do crime na metrópole em desenvolvimento". *Criminologia* 25(4), 911-931.

Felson, M., & Clarke, R. V. (1998). A oportunidade faz o ladrão. *Police research series, paper, 98.*

Fisher, B. S., Daigle, L. E., & Cullen, F. T. (2010). O que distingue as vítimas sexuais solteiras das recorrentes? O papel do estilo de vida - atividades de rotina e características do primeiro incidente. *Justice Quarterly,* 27(1), 102-129.

Forneil, C., & Larcker, DF (1981). Evaluating structural equation models with unobservable variables and measurement error. *Journal of Marketing Research,* 18 (1), 39-50.

Garofalo, James. (1987). Reassessing the lifestyle model of criminal victimization (Reavaliação do modelo de estilo de vida da vitimização criminal). Em Michael Gottfredson & Travis Hirschi (Eds.), *Positive criminology.* Newbury Park, Califórnia: Sage.

Gibbons, S. (2004). The costs of urban property crime. *The Economic Journal,* 114 (499), 441-463.

Gibson, C. L., Fagan, A. A., & Antle, K. (2014). Evitando a vitimização violenta entre jovens em bairros urbanos: A importância da eficácia da rua. *Jornal americano de saúde pública*, 104(2), e154-e161.

Guerette, R.T. & Bowers K. (2009) 'Assessing the Extent of Crime Displacement and Diffusion of Benefits: A Review of Situational Crime Prevention Evaluations", *Criminology,* 47: 1331-68.

Hair, J. F., Ringle, C. M. & Sarstedt, M. (2011), PLS-SEM: De facto, uma bala de prata. *The Journal of Marketing Theory and Practice,* 19(2), 139-152.

Henson, B., Wilcox, P., Reyns, B. W., & Cullen, F. T. (2010). Género, estilos de vida dos adolescentes e vitimização violenta: Implicações para a teoria da atividade de rotina. *Victims & Offenders,* 5(4), 303328.

Herbert. D. T. & S.W. Hyde (1985). "Criminologia ambiental: Testing Some Area Hypotheses". Transactions: *Institute of British Geographers* 10:259-274.

Hindelang, M. J. , Gottfredson, M. R., & Garafola, J. (1978). *Victims of crime: An empirical foundation for a theory of personal victimization.* Cambridge, MA: Ballinger.

Horney J, Marshall I. H. (1992). Risk perceptions among serious offenders: the role of crime and punishment. *Criminologia* 30:575-94

Johns, R. (2010), Itens e escalas de Likert: Survey Question Bank; Method Fact Sheet 1.

Jacobs B. A. (1996). Crack dealers and restrictive deterrence: identifying narcs. *Criminology* 34:409 31

Jankowski M. S. (1991). *Islands in the Street: Gangs and American Urban Society.* Berke-ley: Univ. Calif. Press

Kennedy, Leslie & Baron, Stephen. (1993). "Actividades de rotina e uma subcultura de violência: A study of violence on the street". *Journal of Research in Crime and Delinquency* 30(1), 88-112.

Kennedy, Leslie & Forde, David. (1990). "Estilos de vida arriscados e resultados perigosos: Actividades de rotina e exposição ao crime". *Sociology and Social Research: An International Journal* 74(4), 208211.

LaVigne, N.G. (1991). "Crimes de Conveniência: An Analysis of Criminal Decision-making and Convenience Store Crime in Austin, Texas." Tese de mestrado, Universidade do Texas em Austin.

Likert, R. (1932), A Technique for the Measurement of Attitudes. *Archives of Psychology,* 140:1-55.

Lorenzo, D. E., Schneider, N., Cobb, K. M., Franks, P. J. S., Chhak, K., Miller, A. J., ... & Powell, T. M. (2008), North Pacific Gyre Oscillation (Oscilação do Giro do Pacífico Norte) liga o clima oceânico e as alterações do ecossistema. *Geophysical Research Letters,* 35(8):1-6

MacLeod J. (1995). *Ain't No Makin' It: Aspirations and Attainment in a Low-Income Neighborhood.* Boulder, CO: Westview.

Maimon, D., & Browning, C. R. (2012). Vitimização violenta de adolescentes na vizinhança: Situational and contextual determinants. *British Journal of Criminology,* 52(4), 808-833.

Marsh, H. W., & Hocevar, D. (1985), Application of confirmatory fator analysis to the study of selfconcept: Modelos de factores de primeira e de ordem superior e sua invariância entre grupos. *Psychological bulletin,* 97(3):562.

Massey, J. K. M. & Bonati, L. (1989). "Crime contra a propriedade e as actividades de rotina dos indivíduos". *Journal ofResearch in Crime and Delinquency* 26(4), 378-400.

Maxfield, M. (1987). "Teorias do crime sobre o estilo de vida e a atividade rotineira: Empirical studies of victimization, delinquency, and offender decision-making." *Journal of Quantitative Criminology* 3(4), 275-282.

Mayhew, P., Elliott, D., & Dowds, L. (1989). *The 1988 British crime survey.* Londres: HM Stationery Office

McLeod, S. (2008), Qualitative quantitative. *Simply Psychology.* http://www.simplypsychology.org/qualitative-quantitative.html. Acedido em 13th junho, 2016.

McNeeley, S. (2015). Lifestyle-routine activities and crime events (Actividades de rotina do estilo de vida e eventos de crime). *Journal of Contemporary Criminal Justice, 31*(1), 30-52.

Miethe, T. D., & Meier, R. F. (1994). *Crime e seu contexto social: Toward an integrated theory of offenders, victims, and situations (Para uma teoria integrada de infractores, vítimas e situações).* Suny Press.

Moriarty, Laura & Williams, James. (1996). "Examinar a relação entre a teoria das actividades de rotina e a desorganização social: An analysis of property crime victimization". *American Journal of Criminal Justice* 21(1), 43-59.

Mustaine, E. E., & Tewksbury, R. (2002). Sexual assault of college women: Uma interpretação feminista de uma análise de actividades de rotina. *Criminal Justice Review,* 27(1), 89-123.

Mustaine, E. E., & Tewksbury, R. (1998). Predicting risks of larceny theft victimization: A routine activity analysis using refined lifestyle measures. Criminology, 36(4), 829-858.

Office for National Statistics (2016) Crime in England and Wales: year ending Mar 2016, Londres: ONS.

Disponível em   :
http://www.ons.gov.uk/peoplepopulationandcommunity/crimeandjustice/bulletins/cri
meinenglandandwales/yearendingmar2016. Acedido em 9th junho, 2017.

Olajide, S. E., & Lizam, M. (2016). Gated Communities and Property Fencing: A Response to Residential Neighbourhood Crime. *British Journal of Education, Society & Behavioural Science* 13(3): 1-9

Olajide, S. E., Lizam, M., & Akinbola, K. B. (2017). Avaliação dos encargos do crime de vizinhança residencial. *Revista Europeia de Estudos de Ciências Sociais*, 2(5): 1-12.

Ozkan, G0K (2011). O papel da oportunidade na prevenção da criminalidade e possíveis ameaças aos benefícios do controlo da criminalidade. Polis Bilimleri Dergisi, *Turkish Journal ofPolice Studies* 13(1), 97-114.

Piliavin, I., Gartner, R., Thornton, C., & Matsueda, R. L. (1986). Crime, dissuasão e escolha racional. *American Sociological Review*, 101-119.

Pallant, J. (2011). *SPSS Survival Manual*. 4.ª ed. Crow's Nest: McGraw-Hill.

Sampson, R.J. & Lauritsen, J.L. (1990). 'Deviant Lifestyles, Proximity to Crime, and the OffenderVictim Link." *Journal of Research in Crime and Delinquency* 27:110-39.

Saunders, M., Lewis, P. & Thornhill, A. (2009). *Métodos de investigação para estudantes de gestão*. 5th Edition. London: Pearson Education Limited.

Schreck, C. J., & Fisher, B. S. (2004). Especificando a influência da família e dos pares na vitimização violenta: Extending routine activities and lifestyles theories. *Journal of interpersonal violence*, 19(9), 1021-1041.

Schreck, C. J., Miller, J. M., & Gibson, C. L. (2003). Problemas no pátio da escola: A study of the risk factors of victimization at school. *NCCD news*, 49(3), 460-484.

Sheard. M. (1991). "Relatório sobre padrões de roubo: The Impact of Cul-DeSacs". Delta, British Columbia: Departamento de Polícia de Delta.

Smith, S. (1982). "Victimization in the inner city". *British Journal of Criminology* 22(2), 386- 402.

Sutton, M. (2012). "Sobre oportunidade e crime". Dysology.org: http://dysology.org/page8.html.

Taylor, M. & Nee, C. (1988). "O Papel das Pistas na Simulação de Arrombamento Residencial". *British Journal of Criminology* 28:396-401.

Tillyer, M. S., Fisher, B. S., & Wilcox, P. (2011). The effects of school crime prevention on students' violent victimization, risk perception, and fear of crime: A multilevel opportunity perspective. *Justice Quarterly*, 28(2), 249-277.

Van Dijk J., Tseloni, A. & Farrell, G. (2012) (eds) The International Crime Drop, Londres: Palgrave Macmillan.

White, G.F. (1990). "Permeabilidade da vizinhança e taxas de roubo". *Justice Quarterly* 7:57-67.

Wikstrom, P.H. (1995). "Prevenir os crimes de rua no centro da cidade". In: M. Tonry e D. P. Farrington (eds.), Building a Safer Society: Strategic Approaches to Crime Prevention. *Crime and Justice Annual,* Vol. 19. Chicago, IL: University of Chicago Press.

Wilcox, P., Tillyer, M. S., & Fisher, B. S. (2009). Gendered opportunity? School-based adolescent victimization. *Journal of Research in Crime and Delinquency*, 46(2), 245-269.

Williams T. (1989). *The Cocaine Kids: The In-side Story of a Teenage Drug Ring.Reading*, MA: Addison-Wesley.

Wittebrood K. & Nieuwbeerta P. (2000). Criminal victimization during one's life course: The effects of previous victimization and patterns of routine activities. *Journal of Research in Crime & Delinquency*, 37, 91-122.

Wooldredge J. D., Cullen F. T., & Latessa E. J. (1992). Victimization in the workplace: Um teste à teoria das actividades de rotina. *Justice Quarterly*, 9, 325-335.

Wortley, R. (2010). Críticas à prevenção situacional do crime. Em B. Fisher & S. Lab (eds) *Encyclopedia of Victimology and Crime Prevention*. Thousand Oaks, CA: Sage.

Wortley, R. (2001). A classification of techniques for controlling situational precipitators of crime. Revista de Segurança, 14, 63-82

Wright, Richard & Decker, Scott. (1994). *Ladrões em ação: Street-life and residential break- ins*. Boston, Massachusetts: Northeastern University Press.

Capítulo 8

Prevenção da Criminalidade em Bairros Residenciais na Nigéria: Necessidade de uma Mudança de Paradigma

Resumo

Antecedentes/Objetivo: Diz-se que a urbanização na Nigéria está a crescer a um ritmo alarmante e é também considerada responsável pela elevada taxa de insegurança nos bairros residenciais. Ao longo dos anos, para travar a ameaça, tem sido predominantemente adotado na Nigéria o sistema penal (polícia, tribunais e prisões), o que os estudos revelaram ser extremamente inadequado. Por conseguinte, este documento tenta apelar a uma mudança de paradigma, considerando a aplicação do modelo dos Factores de Conceção Socioambiental (SEDeF) como suplemento ou alternativa. O modelo SEDeF é adotado a partir das teorias da prevenção da criminalidade através do desenvolvimento social (CPSD) e da prevenção da criminalidade através da conceção ambiental (CPTED), que são técnicas (modernas) de prevenção da criminalidade conhecidas. **Método: O** estudo foi efectuado com base na literatura existente na matéria. **Conclusões:** A análise de conteúdo revelou que as técnicas têm sido utilizadas ou adoptadas com sucesso nos países desenvolvidos como verdadeiras técnicas de prevenção da criminalidade nos bairros. **Implicações políticas: Acredita-se** que uma aplicação tenaz do modelo contribuiria muito para garantir um bairro residencial seguro e sustentável na Nigéria.

1. Introdução

Estudos e relatórios governamentais indicam um medo avassalador da segurança caracterizado pelo crime de vizinhança que conduz à perda de vidas e de bens[1,2] . A nível mundial, as nações começam a manifestar preocupação com a tendência crescente de crimes contra a propriedade e, como tal, estão a ser envidados esforços no sentido de combater esta ameaça, tanto pelo sector privado como pelo sector público. Um inquérito das Nações Unidas sobre a criminalidade, realizado em 1990, revelou que, enquanto a maioria dos países desenvolvidos gasta menos de 3% do seu orçamento no controlo da criminalidade, os países em desenvolvimento gastam uma média de 9 a 14%[3] .

No entanto, a forma aparentemente exagerada como os casos de criminalidade são relatados não parece dissipar o facto de ter havido um aumento dos casos de crimes contra a propriedade e de as suas graves consequências serem abundantes. Em resultado da pressão externa e do deficiente controlo da envolvente dos residentes, um bom número de comunidades está a ficar cada vez mais receoso[4]

A experiência desagradável da insegurança devido ao aumento do número de assaltos a residências agrava-se com a necessidade de substituir os aparelhos domésticos roubados e com o pagamento de prémios de seguro cada vez mais elevados, aumentando assim as despesas orçamentais das famílias. É incrível constatar que tanto os proprietários como os inquilinos acabam por pagar a fatura do crime. Infelizmente, os bairros residenciais propensos a actividades criminosas são por vezes estigmatizados, o que leva à perda de rendimentos ou de valor.

A adequação da habitação como fator de segurança das vidas é considerada essencial nesta análise. Os meios de proteção do ambiente estão a tornar-se mais caros, enquanto o ambiente humano está a tornar-se menos seguro. Os assaltos tornam-se uma preocupação quando as notícias sobre o edifício adjacente ou os vizinhos são alvo de crimes de assalto em diferentes alturas, tornando o ambiente menos seguro. Um discurso de crimes de roubo dentro do domínio de alguém gera naturalmente medo, pois os vizinhos começam a pensar que são o próximo alvo. Isto leva normalmente ao pânico de querer gastar em aparelhos de segurança caros para fortalecer o seu ambiente residencial. Os residentes e os promotores imobiliários começam a gastar uma grande parte do seu orçamento ou rendimento em todas as formas de dispositivos de segurança, o que geralmente leva os residentes a gastar dinheiro adicional na compra de dispositivos de segurança externos que, em geral, aumentam substancialmente o seu orçamento de manutenção, o que, na verdade, poderia ser evitado. Para agravar as preocupações dos residentes, há ainda a necessidade de incorrer em despesas adicionais com a aquisição de dispositivos de segurança externos, como vídeo nos portões e terrenos, intercomunicadores, chaves de janelas, barras e grelhas de espreitadelas, entre outros, o que, na maioria dos casos, provoca o dilema sobre as questões de qualidade e padrão dos dispositivos[5,6] .

Mais frequentemente, o aumento dos crimes residenciais a nível mundial tem exigido consideravelmente mais polícia, a construção de mais tribunais e prisões, o que se traduziria num orçamento público adicional que, normalmente, poderia ter sido um custo de oportunidade para fornecer infra-estruturas adicionais à população. Essencialmente, o aumento da criminalidade no sector da habitação daria origem a detenções, o que pode traduzir-se na necessidade de mais polícia[7] .

Em termos de encarceramento, as nações de todo o mundo têm registado taxas de encarceramento mais elevadas devido à industrialização e urbanização globais. Em alguns países, especialmente nos países em desenvolvimento onde a pobreza prevalece, a sobrelotação das prisões está a aproximar-se de um nível catastrófico[8,9] . No entanto,[10] duvida que se verifique uma diminuição significativa da taxa de criminalidade, mesmo que o governo duplique o número de prisões e o número de polícias. Isto, no entanto, não prejudica a necessidade de as sociedades aplicarem leis que tenham em conta o padrão contemporâneo de criminalidade, as prisões funcionais e a força numérica efectiva da polícia.

De facto, está provado em todo o mundo que o aumento do número de forças policiais e a construção de mais prisões não se traduzem necessariamente numa redução da criminalidade4. Essencialmente, a vontade de cometer um crime emana de uma atitude inalterada e, nesse sentido, a reforma legislativa, embora deva ser incentivada, pode não ser um bom instrumento para desencorajar o crime[10] . Daí a necessidade de uma mudança de paradigma na prevenção da criminalidade, sobretudo nos bairros residenciais. A ameaça à propriedade, à vizinhança e às pessoas em resultado das incessantes infracções penais provocou um esforço intenso para desenvolver iniciativas ou técnicas de prevenção da criminalidade através da investigação e de políticas emanadas do governo, que é o sistema judicial, com vista a reduzir, controlar e, tanto quanto possível, eliminar a criminalidade.

A criminalidade na paisagem residencial urbana da Nigéria tem-se revelado crescente e alarmante, com poucos esforços feitos para a melhorar, principalmente devido à utilização de uma abordagem primitiva do sistema penal e à escassez de investigação sobre a criminalidade e a sua prevenção (Agbola, 1997, Fabiyi, 2006, Olajide & Lizam, 2016).

Tendo em conta o que precede, devido à incapacidade do sistema penal que prevalece na Nigéria para controlar os crimes contra a propriedade, o presente documento propõe o modelo do Fator de Conceção Socioambiental (SEDeF) como alternativa ao sistema penal. O SEDeF é adotado a partir das teorias da prevenção da criminalidade através do desenvolvimento social (CPSD) e da prevenção da criminalidade através da conceção ambiental (CPTED), que foram consideradas estratégias eficazes de prevenção da criminalidade. No decurso deste estudo, são feitos esforços para elucidar o modelo. Se o modelo for implementado com tenacidade, espera-se que o crime contra a propriedade seja reduzido ao mínimo indispensável.

2. Resultados e discussão

2.1 Impulso do Modelo dos Factores de Conceção Socioambientais (SEDeF)

O modelo é derivado de duas teorias de prevenção do crime no bairro. São elas a Prevenção do Crime através do Desenvolvimento Social (CPSD) e a Prevenção do Crime através da Conceção Ambiental (CPTED). A CPSD baseia-se na filosofia de que, se os factores de desenvolvimento social (pobreza, analfabetismo, desemprego, má educação dos pais e falta de habitação, entre outros), que são considerados as causas profundas da criminalidade, forem abordados com tenacidade, é possível travar as tendências criminosas. Os estudos realizados confirmam que a pobreza, o analfabetismo, o desemprego, a falta de alojamento e a má educação dos filhos são susceptíveis de influenciar as tendências criminosas[11,12,13] . Por outro lado, o CPTED considera que a manipulação tática e intencional do desenho do bairro residencial é capaz de desencorajar potenciais infractores a cometer crimes[14,15,16] . Os principais princípios do CPTED incluem a vigilância, o controlo do acesso, o endurecimento dos alvos, a manutenção e a territorialidade, entre outros. Estes elementos do CPTED são visualizados numa casa e num bairro virtuais, ou seja, a conceção do ambiente residencial tendo em conta a manutenção eficaz, a provisão de vigilância natural (janelas e portas concebidas para controlar os intrusos), a vigilância formal (patrulha da polícia) e a vigilância mecânica (utilização de iluminação e CCTV); a criação de um sentimento de propriedade e a criação de meios para controlar os intrusos. Foram também consideradas as teorias da oportunidade do crime em que se baseiam as duas teorias supramencionadas.

A necessidade deste modelo surge de estudos recentes sobre a tendência crescente da criminalidade de bairro na Nigéria[17,18] face à abordagem primitiva de controlo da criminalidade adoptada pelo sistema penal (utilização da polícia, do sistema judicial e das prisões), que os estudos concluíram ser grosseiramente inadequada[18,19,20] . Tendo em conta as graves consequências da criminalidade de bairro para os residentes, para as propriedades nas imediações e para o governo, esta investigação considera a necessidade de uma mudança de paradigma como uma consideração importante.

O modelo é, por conseguinte, proposto como uma alternativa ou, pelo menos, um complemento à estratégia existente (sistema penal). A investigação pretendia medir a conveniência dos factores de desenvolvimento social e dos factores de conceção ambiental como técnicas de prevenção da criminalidade de bairro. Além disso, entre as várias consequências da criminalidade na vizinhança, a potência da criminalidade na vizinhança como atributo do valor da propriedade residencial seria medida em relação ao valor da propriedade residencial, uma vez que uma pesquisa superficial na literatura revelou que, não obstante o peso da criminalidade na vizinhança no investimento em habitação, a maioria dos autores não considera a criminalidade na vizinhança como um atributo substantivo[21] .

Assim, este estudo procura medir a perceção do público (residentes - chefes de família) sobre o impacto dos factores de risco social e dos factores de conceção ambiental na criminalidade no bairro residencial, bem como medir o impacto da criminalidade no bairro residencial no valor das propriedades residenciais (ver Figura 1). A Tabela 1 é também apresentada para analisar as investigações anteriores efectuadas sobre o modelo, com o objetivo de reforçar a sua validade e exequibilidade.

2.2 Análise de trabalhos empíricos anteriores

No Quadro 1, são apresentados alguns trabalhos empíricos anteriores realizados sobre o assunto, que servem de base e de orientação para o trabalho de investigação pretendido. Esta análise abrange a conceção ambiental, os factores de risco social e o impacto da criminalidade imobiliária no valor dos imóveis.

O trabalho de[11] sobre a prevenção da criminalidade através do desenvolvimento social, apesar de ser uma revisão da literatura, encapsulou efetivamente as variáveis de medição apoiadas por provas empíricas. Este trabalho estabeleceu o facto de a pobreza, o desemprego, o analfabetismo, a falta de habitação e a má educação dos pais serem capazes de influenciar potenciais delinquentes para actividades criminosas. Do mesmo modo,[15] , no seu esforço para reavaliar a exigência de aplicação dos princípios fundamentais da prevenção da criminalidade através do design ambiental no controlo da criminalidade de bairro, sublinhou, através de provas empíricas e práticas, que a aplicação adequada dos elementos CPTED (controlo de acesso, territorialidade, endurecimento dos alvos, vigilância e manutenção) era praticamente suficiente para travar a criminalidade de bairro residencial.

No entanto, os investigadores não pouparam o facto de estas estratégias deverem ser frequentemente reavaliadas para responder às exigências dos desafios contemporâneos.

3. Conclusão

O principal objetivo desta investigação é propor um modelo de Factores de Conceção Socioambiental (SEDeF) como antídoto para a criminalidade em bairros residenciais, com vista a aumentar o valor das propriedades. Espera-se que o modelo, formulado a partir das teorias da Prevenção do Crime através da Conceção Ambiental (CPTED), da Prevenção do Crime através do Desenvolvimento Social (CPSD) e da Teoria da Oportunidade do Crime, sirva de alternativa ou, pelo menos, de complemento ao sistema penal (utilização da polícia, dos tribunais e da prisão), que os investigadores descreveram como uma aberração às estratégias de prevenção do crime no bairro[21,27] .

O modelo é considerado muito adequado por ser completamente civil, relativamente mais barato e pelo facto de permitir o envolvimento do governo (CPSD) e do sector privado (CPTED). Além disso, as investigações demonstraram que a força de um é a fraqueza do outro[12,13,14,28,29] permitindo assim uma fertilização concetual cruzada. Neste contexto, espera-se que o governo, como sua responsabilidade civil, forneça programas sociais que devem resolver ou abordar os problemas da pobreza, desemprego, falta de habitação, má educação parental, delinquência juvenil e analfabetismo, entre outros, que os estudos também identificaram como as causas fundamentais da criminalidade[12] . Por outro lado, espera-se que o sector privado mostre a organização do desenho dos bairros residenciais de forma a desencorajar o crime. Em resumo, as principais componentes do CPTED, tal como identificadas em[14] , incluem a vigilância natural, o reforço territorial, a gestão da imagem/espaço, o controlo do acesso natural e o endurecimento dos alvos, entre outras.

Acredita-se que, aplicando a tenacidade exigida na implementação do modelo, se espera que o valor dos imóveis seja impulsionado. Isto, por sua vez, aumentaria a capacidade de geração de rendimentos do promotor imobiliário. Além disso, o profissionalismo do gestor imobiliário é reforçado. O imposto predial que reverte a favor do governo será aumentado, enquanto se espera que a despesa pública com a aquisição e a manutenção do policiamento comunitário diminua drasticamente. Outro benefício associado à implementação deste modelo é a redução do medo do crime no bairro residencial.

No entanto, para testar a veracidade deste modelo proposto, prevê-se a realização de um estudo empírico utilizando os vários índices para os factores de conceção social e ambiental em investigação futura.

Tabela 1. Análise de estudos empíricos anteriores

S/N	Title/Author(s)	Objective	Method	Result
1	Keeping the Barbarians outside the gate? Comparing burglary victimization in gated and non-gated communities[22]	The study explores the issue of burglary victimisation by comparing burglary offending in gated and non-gated communities	Regression using data from the National Crime Victimisation Survey.	The research supported the hypothesis that housing units in gated communities experience less burglary than their non-gated counterparts
2	The influence of CPTED on victimisation and fear of crime[23]	The paper investigated the perceived relationship between CPTED, offending and psychological fear of crime	Structural Equation Modeling through structured questionnaire	The result indicated that CPTED is negatively correlated to offending. There is significant positive direct influence of offending on fear of crime
3.	Validating CPTED using Structural Equation Modeling[24]	To conduct a survey on the opinion of residents on CPTED elements in non-gated and gated residential areas with a view to assessing on attitude, reaction, belief, responsibility and perception of the residents on CPTED.	Use of structural questionnaire on Structural Equation Modeling (SEM)	The result found that Territoriality and Maintenance dimension achieved a good fit index thereby supporting the set objectives/hypotheses
4.	Criminal opportunity theory and the relationship between poverty and property crime[25]	The study examines the relationship between poverty and rates of burglary and theft of motor vehicle.	Regression Analysis	The research supports the hypothesis that the relationship between levels of deprivation and property crime is curvilinear where the positive effect of deprivation on property crime is stronger.
5.	The dynamics of poverty and crime[26]	The study sought to examine the workings of the poverty-crime system through stability analysis of a system of ODEs.	Ordinary Differential Equations (ODEs)	The outcome of the research supported the economic theory of Becker's theory that there is relationship between economic deprivation and neighbourhood crime

Referências

1. Aderinto, A. A. e Omotoso, O. Assessing the Performance of Corporate Private Security Organisations in Crime Prevention in Lagos State, Nigeria. Jornal de Segurança Física; 2012: 6(1) 73-90.
2. Conselho das Nações Unidas para o Desenvolvimento Económico e Social (ECOSOC). *Directrizes para a prevenção da criminalidade urbana* (resolução 1995/9, anexo). Directrizes para a prevenção da criminalidade (resolução 2002/13, anexo). 2002: http://www.un.org/documents/ecosoc/res/1995/eres1995-9.htm. . Acedido em 17th julho de 2015
3. Universidade das Nações Unidas. *Ajustamento ou desvinculação? The African experience*. Zed Books. 1990
4. Wilson P. R. *Crime and Crime Prevention*. Documento apresentado na conferência Designing Out

Crime: Crime Prevention Through Environmental Design (CPTED) convocado pelo Australian Institute of Criminology e NRMA Insurance e realizado no Hilton Hotel, Sydney, 16 de junho de 1989

5. Wellings H. *Consumers and Residential Security (Consumidores e segurança residencial)*. Documento apresentado na conferência Designing Out Crime: Crime Prevention Through Environmental Design (CPTED) convocada pelo Australian Institute of Criminology e pela NRMA Insurance e realizada no Hilton Hotel, Sydney, 16 de junho de 1989

6. Agbola T. The Architecture of Fear: Urban Design and Construction Response to Urban Violence in Lagos, Nigeria. Relatório de investigação, *IFRA*, Nigéria. 1997: http://www.openedition.org/6540. . Acedido em 17th julho 2015

7. Koper, C. S. *Assessing Police Efforts to Reduce Gun Crime: Result from a National Survey*. Centro de Política Criminal Baseada em Evidências, Departamento de Criminologia, Direito e Sociedade, Universidade George Manson. 2010

8. Jefferson, A. M. Reforming Nigerian Prisons Rehabilitating a 'Deviant'State. *British Journal of Criminology*, 2005:*45*(4), 487-503.

9. MacKenzie, D. L. *What works in corrections: reducing the criminal activities of offenders and deliquents*. Cambridge University Press, 2006.

10. Wilson, P. R. Crime Out of Control? Australian Society, abril, 1987, 12-16.

11. Sociedade John Howard de Alberta. Crime Prevention through Social Development: A Literature Review. Government Funded Research, www.johnhoward.ab.ca/ pub/pdf/C6.pdf, 1995. Acedido em 17th julho de 2015

12. Hastings, R. Achieving Crime Prevention: Reducing Crime and increasing Security in an Inclusive Canada. Departamento de Criminologia e Instituto para a Prevenção da Criminalidade, Universidade de Otava, Canadá. 2008.

13. Waller, I., e Weiler, D. Crime prevention through social development: An overview with sources. Ottawa: Conselho Canadiano de Desenvolvimento Social. 1984

14. Crowe, T. D. Crime prevention through environmental design: Applications of architectural design and space management concepts. Revisto por Lawrence J. Fennelly. Butterworth- Heinemann. Primeira edição em 1991, 2000.

15. Cozens. P. M. Pensar o crime! Usando provas, teoria e prevenção do crime através do design ambiental (CPTED) para planear cidades mais seguras: Publishers for professionals. 2014

16. Cozens, P., & Love, T. A review and current status of crime prevention through environmental design (CPTED). *Journal of Planning Literature*, 2015: 0885412215595440.

17. Fabiyi, O. Gated Neighbourhoods and Privatization of urban security in Ibadan Metropolis (Bairros fechados e privatização da segurança urbana na metrópole de Ibadan). IFRA. www.book.openedition.org/ifra/474. 2004: Acedido em 11 de junho de 2015.

18. Sutton, A., Cherney, A., & White, R. *Crime prevention: principles, perspectives and practices*. Cambridge University Press. 2013

19. Clarke, R. V. "Situational" Crime Prevention: Theory and Practice. *The British Journal of Criminology*, 1980: 136-147.

20. Van Dijk J & de Waard J. A two dimensional typology of crime prevention projects: With a bibliography. *Criminal Justice Abstracts* 1991:23: 483-503.

21. Olajide, S. E., & Lizam, M. Residential Neighbourhood Security and Policing: How Fared? International Review of Social Sciences 2015: 3(9), 428-439.

22. Addington, L. A., e Rennison, C. M. Keeping the Barbarians Outside the Gate? Comparing Burglary Victimization in Gated and Non-Gated Communities [Comparando a vitimização por roubo em comunidades fechadas e não fechadas]. Justice Quarterly, 2015: 32(1), 168-192.

23. Marzbali, M. H., Abdullah, A., Razak, N. A., & Tilaki, M. J. M. The influence of crime prevention through environmental design on victimization and fear of crime. *Journal of environmental psychology*, 2012:*32*(2), 79-88.

24. Abdullah, A., Razak, N. A., Salleh, M. N. M., e Sakip, S. R. M. . Validação da prevenção do crime através do design ambiental utilizando o modelo de equação estrutural. Procedia-Social and Behavioral Sciences, 2012: 36: 591-601.

25. Lance, H. Criminal opportunity theory and the relationship between poverty and property crime.

Sociological spectrum, 2002:22(3) 363-381

26. Zhao, H., Feng, Z., & Castillo-Chavez, C. The dynamics of poverty and crime. Jornal da Universidade Normal de Xangai (Ciências Naturais^ Matemática). 2014

27. Gorazd M. & Marte F., & Mojca R. e Aletha H. Police Efforts in the Reduction of Fear of Crime in Local Communities- Big Expectations and Questionable Effects. Sociologija. Mintis ir veiksmas 2007: 2(20), ISSN 1392-3358

28. Parnaby, P. Crime Prevention through Environmental Design: Discourses of Risk, Social Control and a Neo-liberal Context. In Canadian Journal of Criminology and Criminal Justice, 2006:48(1):1- 29.

29. Olajide, S. E., Lizam M. e Adewole A. Towards a crime-free Housing: CPTED versus CPSD. Journal of Environment and Earth Science. 2015: 5(18) 53- 63

Capítulo 9

PARECER DOS PERITOS SOBRE A VALIDAÇÃO DOS INDICADORES SOCIOECONÓMICOS
MODELO DE FACTORES DE DESENHO AMBIENTAL (SEDeF) COMO TÉCNICA DE PREVENÇÃO DA CRIMINALIDADE
NO
BAIRRO RESIDENCIAL
NA NIGÉRIA

Domingo Emmanuel Olajide & Mohd Lizam

Resumo: O presente artigo centra-se na validação de um modelo proposto, os factores de conceção socioambiental (SEDeF), destinado a complementar o sistema penal na área do combate à criminalidade nos bairros residenciais nigerianos. A investigação procurou obter a opinião de peritos sobre a conveniência e a sustentabilidade do modelo. Foram adoptados os métodos de amostragem por objectivos e por bola de neve para administrar cem (100) conjuntos de questionários, dos quais sessenta e dois (62) foram considerados utilizáveis para a análise após a triagem dos dados. O SPSS e o SEM-AMOS foram as principais ferramentas analíticas adoptadas para realizar o teste de fiabilidade, o teste de normalidade, a média cumulativa, a análise fatorial exploratória (AFE) e o modelo de medição. Os resultados da análise mostraram que, na perspetiva dos peritos, o modelo é desejável e sustentável para o fim a que se propõe (controlo da criminalidade no bairro). O modelo, se for tenazmente implementado, é capaz de aumentar o valor/investimento das habitações, melhorar a economia nacional e assegurar um bairro residencial cívico e sereno.

Palavras-chave: Opinião dos peritos; Modelo de medição; Criminalidade em bairros residenciais; Modelo SEDeF; Validação

1. INTRODUÇÃO

A importância da propriedade residencial (habitação) para a humanidade não pode ser subestimada. Para além de proporcionar alojamento, pode servir como fonte de investimento que, em grande medida, pode influenciar a prosperidade de uma determinada economia (Agunbiade, 2012). Por conseguinte, qualquer influência negativa sobre a habitação sob a forma de crimes contra a vizinhança residencial (crimes contra a propriedade) deve ser uma preocupação não só para os investigadores, mas também para o governo e os profissionais. De facto, os crimes contra a propriedade estão a aumentar globalmente (Gibbon, 2004), o que, ao longo do tempo, exigiu uma mudança de paradigma na técnica de controlo da criminalidade, especialmente do sistema penal para uma técnica melhor. Foi à luz disto que os autores do presente artigo propuseram, na sua investigação anterior, um modelo intitulado factores de conceção socioambiental (SEDeF) como uma estratégia moderna e mais eficiente de prevenção da criminalidade em bairros residenciais, com base na situação da Nigéria.

O objetivo do modelo assenta na premissa de que um casamento concetual entre a prevenção da criminalidade através da conceção ambiental (CPTED) e a prevenção da criminalidade através do desenvolvimento social (CPSD) produziria melhores resultados na prevenção da criminalidade (Olajide, Lizam & Adewole, 2015). Este conceito foi testado e considerado eficaz em países como o Canadá, os Estados Unidos da América, o Reino Unido, a Austrália e alguns outros países da Europa e da Ásia (Marzbali, *et. al.*, 2016). O conceito CPTED considera que uma manipulação intencional dos empreendimentos residenciais através da conceção é capaz de desencorajar potenciais infractores. Os elementos do CPTED incluem o controlo do acesso, o apoio à atividade, o funcionamento territorial e a vigilância natural, entre outros (Cozens, *et. al.*, 2001; Marzbali, *et. al.*, 2012). Por outro lado, a CPSD acredita que um esforço sincero e concertado para combater os factores de risco da criminalidade, como o desemprego, o analfabetismo, a falta de habitação, a desintegração familiar, a delinquência juvenil e a pobreza, entre outros, que a literatura identifica como sendo as causas profundas da criminalidade, através de programas de desenvolvimento social eficazes, é capaz de reduzir a taxa de criminalidade, se não mesmo eliminar as tendências criminosas (Ross, *et al.*, 2011; TJHSA, 1995; Waller & Wailer, 1985).

A fim de validar a potência deste modelo proposto, esta investigação específica foi iniciada e centrou-se na procura da opinião de peritos sobre a eficácia e a sustentabilidade do modelo dos factores de conceção socioambiental (SEDeF) como uma verdadeira estratégia de prevenção da criminalidade nos bairros residenciais nigerianos.

Assim, em conformidade com o objetivo do estudo, o presente documento é composto por cinco secções. A primeira secção trata da introdução geral ao estudo com referência à literatura relevante. A secção 2 descreve a metodologia adoptada para o estudo, enquanto a secção 3 apresenta a análise dos dados e os resultados. A secção quatro discute os resultados da análise e a secção cinco conclui o documento, apresentando também as limitações do estudo e a investigação futura.

2. MATERIAIS E MÉTODOS

De acordo com o objetivo desta investigação, ou seja, procurar a opinião de peritos sobre a aplicabilidade e a sustentabilidade do modelo dos factores de design socioambiental (SEDeF) como complemento, se não substituto, do sistema penal na área da prevenção da criminalidade em bairros residenciais, um questionário estruturado, constituído por uma escala de 5-Likert, centrado na sustentabilidade do modelo (SUS), na relevância do modelo para a economia nacional (SNE), na SEDeF e na criminalidade em bairros residenciais (SRNC), bem como na relação entre a SEDeF e os valores patrimoniais residenciais (SRPV). O instrumento de medição passou por uma triagem de dados que incluiu valores/dados em falta, teste de fiabilidade, teste de normalidade e análise fatorial expositiva (AFE). Os dados refinados foram posteriormente submetidos a testes de validade (discriminante e convergente), a fim de construir um modelo de medição ajustado. Como forma de apresentar o modelo SEDeF aos peritos seleccionados, foi anexado ao questionário um texto de duas páginas.

A análise dos dados baseou-se inicialmente em cem (100) conjuntos de questionários distribuídos, dos quais setenta e seis (76) foram recuperados e sessenta e dois (62) passaram o teste de seleção e foram consideradas utilizáveis para a análise. Os inquiridos eram académicos de alto nível e profissionais no domínio do imobiliário, da habitação, do planeamento urbano e regional, da prática jurídica e altos funcionários públicos. Devido à natureza dos inquiridos, foram adoptadas técnicas de amostragem selectiva e por bola de neve. Os inquiridos foram seleccionados em instituições académicas, gabinetes governamentais e consultórios privados no sudoeste da Nigéria, onde foi realizada a investigação inicial.

Tendo em conta a singularidade da investigação, a maioria das questões foi formulada pelos investigadores com base na literatura existente. A escala de 5-Likert adoptou os dois extremos, ou seja, discordo totalmente e concordo totalmente. Os resultados basearam-se na definição de parâmetros de referência existentes para cada fase da análise, com base nos quais foram tiradas as conclusões da investigação.

3.0 PROCESSO DE ANÁLISE DE DADOS
3.1 Introdução

Antes do processo de análise dos dados, os dados recolhidos junto dos inquiridos foram codificados e introduzidos no pacote estatístico para as ciências sociais (SPSS) versão 22, a fim de preparar os dados para o processo de análise. Além disso, os dados em falta foram considerados como valores em falta. Foram utilizados códigos estabelecidos para atribuir números a cada resposta dos inquiridos, permitindo assim a transferência dos dados do questionário utilizável recolhido para o SPSS.

Em resumo, depois de os dados terem sido introduzidos no ficheiro de dados do SPSS, foram realizados processos de rastreio dos dados. Estes processos destinavam-se a identificar erros, tais como valores fora do intervalo e entradas omitidas no processo de introdução de dados. Por conseguinte, o questionário original foi utilizado para corrigir todos os erros identificados antes do início do processo de análise de dados adequado para esta investigação. Seguidamente, procedeu-se à avaliação da normalidade e da fiabilidade dos dados recolhidos.

O SEM-AMOS, que incorpora as análises factoriais, foi adotado por ser uma ferramenta analítica multivariada relativamente moderna que tem sido recomendada para medir relações entre variáveis (Awang, 2015). Os seus diversos meios para chegar a conclusões de investigação tornam-na preferível.

3.2 Avaliação da normalidade

Awang (2015) afirmou que a avaliação dos dados de uma escala é normalmente avaliada para determinar a normalidade da distribuição dos dados. A razão é que tanto a análise fatorial como a modelação de equações estruturais exigem que as variáveis sejam normalmente distribuídas. Mais ainda, as distribuições de dados que são altamente enviesadas ou com curtose elevada sugerem não normalidade, o que implica que pode haver a presença de casos aberrantes que, consequentemente, afectam a estimativa. Pallant (2011) afirmou que a distribuição das variáveis deve ser verificada antes de as utilizar no processo de análise.

Além disso, esta investigação verificou a existência de valores atípicos nas pontuações da distribuição de dados, examinando os gráficos de probabilidade de normalidade (gráfico Q-Q normal) e os resultados mostraram que não havia divergências graves em relação à normalidade. Além disso, foram verificados os gráficos de caixa de distribuição de dados e foram identificados 14 valores atípicos entre os 76 inquiridos (casos) utilizáveis na distribuição de dados. Por conseguinte, após a conclusão da análise descritiva, apenas 62 inquiridos (casos) foram utilizados para as análises estatísticas da investigação multivariada.

Pallant (2011) recomendou que os valores de assimetria e curtose de -1 a +1 são considerados uma distribuição de simetria que é adequada para testes paramétricos e pressupõe uma distribuição normal. A este respeito, o valor absoluto da assimetria e da curtose para todos os constructos desta investigação foi apresentado nos Quadros 1 a 4 para estabelecer que se encontram dentro dos intervalos recomendados. Isto significa que a distribuição dos dados para este estudo satisfazia a normalidade univariada. Por conseguinte, não foi necessária qualquer modificação adicional dos dados.

Tabela 1: Estatísticas descritivas da perceção dos peritos sobre a SEDeF e a economia nacional (PND)

Code	Item' Description	Mean	Skewness	Kurtosis
		Statistics	Statistics	Statistics
SPGG	SEDeF can promote good governance	3.56	-.543	-.424
SCIN	SEDeF is capable of curbing incivility	3.55	-.504	-.741
SRPS	SEDeF reduces public spending	3.50	-.498	-.630
SEPR	SEDeF enhances public revenue	3.55	-.571	-.605
SRNP	SEDeF lessens neighbourhood policing	3.55	-.592	-.382
SGFEP	SEDeF good for economic prosperity	3.65	-.584	-.346
SIMC	SEDeF is more civil	3.58	-.600	-.454

No Quadro 1, são apresentados os valores da média, da assimetria e da curtose dos itens completos relativos à compreensão dos inquiridos sobre a relevância do modelo SEDeF para a economia nacional. O valor médio acumulado para o constructo numa escala de 5-Likert foi de 3,562, o que indica que os peritos têm uma boa perceção da relevância do modelo SEDeF para a economia nacional.

Tabela 2: Estatística descritiva para a perceção dos especialistas sobre a sustentabilidade do modelo SEDeF (SUS).

Code	Item` Description	Mean	Skewness	Kurtosis
		Statistics	Statistics	Statistics
PSSS	Political structure will support SEDeF	3.68	-.672	-.226
BAFS	Cost-Benefit analysis favours SEDeF	3.60	-.595	-.479
SESS	Socio-economic supports SEDeF	3.77	-.830	.059
SPSI	SEDeF will enjoy public support to implement	3.56	.131	-.576
SIBN	SEDeF implementation will benefit Nigerians	3.63	-.610	-.365
SSSO	SE$DeF can be sustained over time	3.60	-.595	-.497
SBEP	SEDeF brings economic profitability	3.47	-.521	-.362
SEMP	SEDeF brings environmental profitability	3.69	-.691	-.334
GASF	There will be general acceptability for SEDeF	3.66	-.669	-.417

No Quadro 2, são apresentados a média, a assimetria, a curtose e os valores de todos os itens de medição da sustentabilidade do modelo SEDeF, de acordo com a pontuação atribuída pelos peritos das profissões relevantes. O valor médio acumulado para a sustentabilidade da SEDeF foi de 3,629 numa escala de 5-Likert, o que indica que os peritos acreditam na sustentabilidade do modelo SEDeF como uma verdadeira técnica de prevenção da criminalidade de bairro. No entanto, os resultados da investigação revelaram que a capacidade socioeconómica da Nigéria, enquanto nação, apoiará a implementação da SEDeF, que obteve a média mais elevada (3,70).

Tabela 3: Estatísticas descritivas para a perceção dos peritos sobre a relação entre a SEDeF e os valores dos imóveis residenciais (SRPV).

Code	Item' Description	Mean	Skewness	Kurtosis
		Statistics	Statistics	Statistics
SDHV	SEDeF determines housing values	3.68	-.672	-.226
SPREP	SEDeF promotes real estate practice	3.60	-.595	-.497
SCND	SEDeF curbs neighbourhood decline	3.68	-.693	-.292
SBHI	SEDeF boosts housing investment	3.71	-.591	-.424
SDRM	SEDeF discourages residential mobility	3.69	-.669	-.274
SIHV	SEDeF increases housing values	3.55	-.504	-.741
SCNS	SEDeF curbs neighbourhood stigmatization	3.65	-.353	-.714

Na Tabela 3, são apresentados os valores da média, assimetria e curtose dos itens completos relativos à compreensão dos inquiridos sobre a relação entre o modelo SEDeF e os valores dos imóveis residenciais. O valor médio acumulado para o constructo, numa escala de 5-Likert, foi de 3,650, o que indica que os peritos têm uma boa perceção da relação entre o modelo SEDeF e os valores dos imóveis residenciais.

Quadro 4:   Estatísticas descritivas para a perceção dos peritos sobre a relação entre a SEDeF e a criminalidade nos bairros residenciais (CRCV).

Code	Item` Description	Mean	Skewness	Kurtosis
		Statistics	Statistics	Statistics
SSDB	SEDeF stems down burglary	3.68	-.672	-.226
SCI	SEDeF controls incivility	3.60	-.595	-.497
SDPPC	Social development programs cures crime	3.68	-.693	-.292
SNCPS	SEDeF, a veritable crime prevention technique	3.71	-.591	-.424
VSCPS	Virtual house curbs property crime	3.69	-.669	-.274
SCCRF	SEDeF cures crime risk factors	3.55	-.504	-.741
EDCPS	Environmental design curbs property crime	3.65	-.353	-.714

Na Tabela 4, apresentam-se a média, a assimetria, a curtose e os valores de todos os itens de medição da relação entre o modelo SEDeF e os valores dos imóveis residenciais, conforme pontuados pelos inquiridos. O valor médio acumulado para a criminalidade no bairro residencial foi de 3,567 numa escala de 5-Likert, o que indica que os inquiridos acreditam na relação entre o modelo SEDeF e a criminalidade no bairro residencial. No entanto, os resultados da investigação revelaram que "a SEDeF como verdadeira técnica de prevenção da criminalidade obteve a média mais elevada (3,71), enquanto a SEDeF como cura para os factores de risco da criminalidade obteve o valor médio mais baixo (3,55). No entanto, é óbvio que este resultado da investigação infere que os peritos apoiam a relação entre a SEDeF e o crime em bairros residenciais (RNC), o que corresponde aos resultados da investigação de Sutton *et. al.* (2013) e Van Dijk & de Waard (1991).

3.3 Avaliação da reliabilidade

A fiabilidade é o grau em que as medições da investigação estão isentas de erros aleatórios e a medida em que uma escala utilizada produz resultados consistentes se forem efectuadas medições repetidas sobre a variável em causa (Pallant, 2011; David & Sutton, 2012). Isto implica que a fiabilidade e o erro estão relacionados e que quanto maior for o erro, menor será a fiabilidade da medição da investigação ou vice-versa. Por conseguinte, a fiabilidade da escala total de todos os constructos desta investigação foi examinada para determinar a sua consistência interna. Pallant (2011) recomenda que valores de alfa de Cronbach superiores a 0,7 sejam considerados adequados e aceitáveis, embora sejam preferíveis valores superiores a 0,8.

A Tabela 2 apresenta o resultado da análise de fiabilidade para a SEDeF e a Economia Nacional (PND), a Sustentabilidade da SEDeF (SUS), a SEDeF e a Criminalidade nos Bairros Residenciais (CRB); a SEDeF e os Valores Patrimoniais Residenciais (VPPR). O alfa de Cronbach para SNE, SUS, SRNC e SRPV é de 0,800, 0,778, 0,875 e 0,866, respetivamente. Estes valores excedem 0,70, indicando que os itens são fiáveis para medir os respectivos constructos (Pallant, 2011).

Quadro 5: Análise de fiabilidade

Factors/Constructs	Items	Cronbach alpha
SEDeF and National Economy (SNE)	SPGG, SCIN, SRPS, SEPR, SGFEP and SIMC	0.800
Sustainability of SEDeF (SUS)	PSSS, SESS, SIBN, SBEP, SENP and GASF	0.778
SEDeF and Residential Neighbourhood Crime (SRNC)	SSDP, SDPPC, SNCPS, VSCPS, SCCRF AND EDCPS	0.875
SEDeF and Residential Property Values (SRPV)	SDHV, SPREP, SCND, SBHI, SDRM, SIHV, and SCNS	0.866

Quadro 6: KMO e teste de Bartlett

Kaiser-Meyer-Olkin Measure of Sampling Adequacy		.725
Bartlett's Test of Sphericity	Approx. Chi-Square	894.862
	df	300
	Sig.	.000

Quadro 7: Análise fatorial exploratória para os construtos da investigação

	Rotated Component Matrix[a]			
	1	2	3	4
SPGG				.776
SRPS				.616
SEPR				.643
SGFEP				.718
SIMC				.565
SDHV				
SPREP			.720	
SCND			.812	
SBHI			.863	
SDRM			.852	
SIHV			.689	
SCNS			.853	
SESS		.774		
SIBN		.668		
SBEP		.599		
SENP		.862		
GASF		.689		
SDPPC	.900			
SNCPS	.930			
VSCPS	.497			
SCCRF	.785			
EDCPS	.893			
SSDB	.798			

3.4 Análise Fatorial Exploratória (AFE)

A análise fatorial exploratória (AFE) é geralmente utilizada na análise estatística multivariada para selecionar um conjunto de itens de um grande grupo para uma forma manejável. Este processo é designado simplesmente por processo de redução de dados na análise estatística. O objetivo é examinar as relações entre as variáveis antes da aplicação da análise fatorial confirmatória (Pallant, 2011; Nor, 2009). No entanto, Awang (2014) argumentou que a análise fatorial exploratória não pode avaliar a unidimensionalidade diretamente, na verdade, a AFE é comumente usada para avaliar a estrutura fatorial de uma escala. No entanto, Hair *et. al* (2011) relataram que a análise fatorial confirmatória (AFC) é um método mais confiável para uso em um modelo de pesquisa em que existem hipóteses sobre construtos relativamente novos de variáveis, como é o caso do modelo proposto para os Fatores de Design Socioambiental (SEDeF) desta pesquisa. A este respeito, a AFE para esta investigação e o resultado final da AFE são apresentados no Quadro 7.

Os 30 itens dos quatro constructos que medem a validação da sustentabilidade das escalas de avaliação do modelo SEDeF foram submetidos a uma análise fatorial exploratória utilizando o SPSS versão 22, dos quais 30 itens passaram o processo de redução de dados. Antes de realizar a AFE, a adequação dos dados para a análise fatorial foi avaliada e considerada satisfatória. A inspeção da matriz de correlação mostrou a presença de vários coeficientes com um mínimo de 0,5. Além disso, a pontuação do valor de Kaiser-Meyer-Olkin foi de 0,725, o que excedeu o valor recomendado de 0,6 (Kaiser, 1970 citado em Pallant, 2011), atingindo significância estatística, apoiando a factoriabilidade da matriz de correlação (ver Quadro 6).

3.5 Modelo de medição

A utilização da modelação de equações estruturais (SEM) na análise dos dados através do software AMOS 21.0 exigiu uma abordagem em duas etapas que foi empregue como pré-requisito para a utilização da SEM (Awang, 2015). A primeira etapa exigiu a preparação do modelo de medição estimado para efeitos da análise fatorial confirmatória (AFC) com o objetivo principal de verificar o ajuste e a validade do modelo. A qualidade do ajuste está em conformidade com os princípios estabelecidos. Os resultados, tal como apresentados na Figura 1, mostram que as cargas factoriais após a eliminação necessária foram consideradas significativas. Ou seja, não inferior a 0,5 (Hair, *et. al.*, 2011; Awang, 2014); o qui-quadrado/df situou-se em 1,183, o que é inferior ao valor de referência 0f < 5,0 (March e Hocevar, 1985); o CFI é 0,956 (Bentler, 1990). O TLI é de 0,947 (Bentler e Bonett, 1980); o RMSEA (root mean square error of approximation) é de 0,055, inferior ao valor de referência < 0,080 (Browne, Cudeck e Bollen, 1983). Em resumo, estes resultados satisfazem todos os critérios recomendados para um bom ajuste do modelo (Hair, *et. al.*, 2011; Babin, *et. al.*, 1994; Awang, 2015).

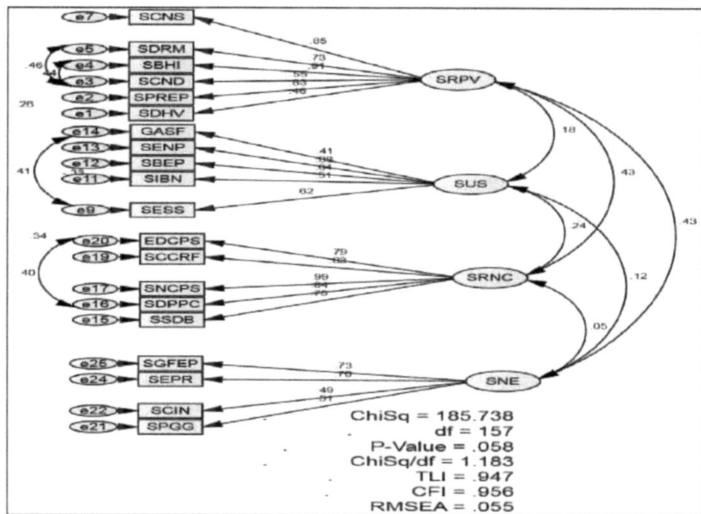

Figura 1: O modelo de medição

Para garantir que o modelo se ajusta corretamente, os dados foram também testados quanto à validade do constructo, que envolveu a validade discriminante e convergente, bem como a matriz de correlação para todos os constructos da investigação (Hair, *et. al.*, 2011; Awang, 2014).

A validade discriminante é alcançada quando a raiz quadrada da Variância Média Extraída (AVE) é superior à correlação com outros constructos (Hair, *et. al*, 2011). As cargas de todos os indicadores reflexivos são superiores a 0,5 (tratando-se de um novo instrumento de medição) depois de os dados terem sido refinados através de um teste de fiabilidade (alfa de Cronbach) e de uma análise fatorial expositiva (AFE). Os valores da fiabilidade composta para todos os constructos reflexivos são superiores a 0,7 (Hair, *et. al.* 2011; Awang, 2015) e a AVE para cada constructo é superior a 0,40 (Fornell & Larcker, 1981), confirmando a validade convergente, como mostram os Quadros 8 e 9.

Quadro 8: Resumo da medição Modelo

Construct	Items	Loadings	CR[a]	AVE[b]
SNE	SPGG	0.51	0.82	0.44
	SCIN	0.50		
	SRPS	0.70		
	SGFEP	0.73		
SUS	SESS	0.62	0.83	0.47
	SIBN	0.51		
	SBEP	0.64		
	SENP	0.88		
	GASF	0.41		
SRPV	SDRM	0.73	0.84	0.52
	SBHI	0.91		
	SCND	0.55		
	SPREP	0.83		
	SDHV	0.50		
	SCNS	0.85		
SRNC	SSDB	0.63	0.92	0.70
	SDPPC	0.65		
	SNCPC	0.75		
	SCCRF	0.83		
	EDCPS	0.79		

a. Composite Reliability (CR) = (square of the summation of the factor loadings)/ {(square of the summation of the factor loadings) + (square of the summation of the error variances)}.

b Average Variance Extracted (AVE) = (summation of the square of the factor loadings)/ {(summation of the square of the factor loadings) + (summation of the error variances)}

Quadro 9: Matriz de correlação para todos os construtos da investigação

	SNE	SUS	SRNC	SRPV
SNE	**0.66**			
SUS	0.12	**0.68**		
SRNC	0.05	0.24	**0.84**	
SRPV	0.43	0.18	0.43	**0.72**

4. DISCUSSÃO.

A principal intenção das análises é construir um modelo de medição que seja adequadamente ajustado. Com base no que precede, este objetivo foi alcançado. A interpretação deste resultado é que os inquiridos (peritos em profissões relacionadas), de acordo com os instrumentos de medição adoptados, apoiam a sustentabilidade e a conveniência do modelo dos factores de conceção socioambiental (SEDeF) como uma verdadeira estratégia para a criminalidade em bairros residenciais na Nigéria. Os vários aspectos da análise que apoiam o resultado da investigação incluem o teste de fiabilidade (todos acima de 0,7), o teste de normalidade (todos dentro do valor de referência de -1 a +1), a média cumulativa dos construtos (todos acima de 3,5), o que indica que as respostas dos inquiridos estavam acima da média, a validade discriminante, a validade de convergência, a matriz de correlação e o modelo de medição ajustado. O resultado de todas estas conclusões é que, se os princípios do modelo (SEDeF) pudessem ser implementados de forma tenaz, seria um longo caminho para travar a criminalidade nos bairros residenciais, melhorando assim um ambiente habitacional habitável, o que poderia traduzir-se num aumento do investimento na habitação, bem como numa melhoria da economia nacional.

5. CONCLUSÃO

A partir dos resultados da investigação, foi estatisticamente estabelecido que a criminalidade nos bairros residenciais está presente de forma transparente na paisagem nigeriana (Agbola, 1997) e que o método penal das estratégias de controlo da criminalidade era proeminente, o que os estudos existentes descreveram como sendo grosseiramente insuficiente (Sutton, et al., 2013). Assim, o modelo de factores de conceção socioambiental (SEDeF) foi proposto como uma técnica melhor para o sistema penal. Consequentemente, a partir das respostas dos vários especialistas sobre a adequação e a sustentabilidade do modelo SEDeF como uma verdadeira alternativa de prevenção da criminalidade em bairros residenciais, que foram estatisticamente consideradas positivas, pode, portanto, afirmar-se que o modelo é capaz de combater eficazmente a criminalidade em bairros residenciais, uma vez que se verifica que funciona noutros países como o Canadá, a Austrália, o Reino Unido e os EUA, onde está a ser utilizada uma réplica do modelo.

Além disso, de acordo com os resultados deste estudo, é feito um apelo claro aos vários níveis de governo na Nigéria para que prestem mais atenção aos programas de desenvolvimento social que foram descritos como a cura segura para os factores de risco social como a pobreza, o desemprego, o analfabetismo, a falta de habitação, a desintegração familiar e a delinquência juvenil, para mencionar apenas alguns. Além disso, o governo tem de criar um ambiente propício que permita uma conceção viável e exequível do traçado residencial através de um esquema de sítios e serviços. Os desenvolvimentos nestes esquemas devem estar em conformidade com o regulamento de construção para aumentar a sustentabilidade do modelo. Espera-se que uma implementação tenaz do modelo resulte na valorização dos bairros residenciais, no aumento da eficiência do trabalho, na melhoria do produto interno bruto, na sustentabilidade da habitação, na sociedade civil, na diminuição do orçamento anual do governo para o controlo da criminalidade e na contenção do medo psicológico do crime que, ao longo do tempo, resultou na morte súbita de residentes.

Em conclusão, é de salientar que este estudo não conseguiu fazer justiça suficiente à comparação profunda entre o sistema penal e a SEDeF, bem como aprofundar os principais factores de sustentabilidade que influenciam o modelo proposto. As investigações futuras deverão colmatar estas lacunas.

REFERÊNCIAS

Agbola T. (1997) The Architecture of Fear: Urban Design and Construction Response to Urban Violence in Lagos, Nigeria. Relatório de Investigação, IFRA, Nigéria. http://www.openedition.org/6540.

Agunbiade, M. E. (2012), "Land Administration for Housing Production". Tese de doutoramento inédita apresentada à Universidade de Melbourne, Austrália.

Awang, Z. (2015), *SEM Made Simple*. Selangor: MPWS Rich Publication.

Awang, Z. (2014), *A Handbook on Structural Equation Modeling (Manual de modelação de equações estruturais)*. Selangor: MPWS Rich Publication.

Babin, B. J., Darden, W. R., e Griffin, M. (1994), Work and/or fun: measuring hedonic and utilitarian valor de compra. *Journal of consumer research*, Vol.20, No.4, Pp.644-656.

Bentler, P. M. (1990), Comparative fit indexes in structural models. *Psychological bulletin*, Vol.107, No.2, Pp.238.

Bentler, P. M., e Bonett, D. G. (1980), Significance tests and goodness of fit in the analysis of covariance structures. *Psychological Bulletin,* Vol.88 No.3, Pp.588-606.

Browne, M. W., e Cudeck, R. (1993), Alternative ways of assessing model fit. *Sage focus editions*, Vol.154, Pp.136-136.

Cozens, P., Hillier, D., & Prescott, G. (2001). Crime and the design of residential property-exploring the theoretical background-Parte 1. *Property management, 19*(2), 136-164.

David, M. & Sutton, C. (2011). *Investigação social: An Introduction*. Londres: SAGE Publications.

Forneil, C., e Larcker, D.F. (1981). Evaluating structural equation models with unobservable variables and measurement error (Avaliação de modelos de equações estruturais com variáveis não observáveis e erros de medição). *Journal of Marketing Research*, Vol.18 No.1, Pp. 39-50.

Gibbons, S. (2004). The costs of urban property crime. *The Economic Journal, 114*(499), F441-F463.

Hair, J. F., Ringle, C. M. e Sarstedt, M. (2011), PLS-SEM: De facto, uma bala de prata. *The Journal of Marketing Theory and Practice*, Vol.19, No.2, Pp.139-152.

Kaiser, H. F. (1970). A second generation little jiffy. *Psychometrika, 35*(4), 401-415.

Marsh, H. W., e Hocevar, D. (1985), Application of confirmatory fator analysis to the study of selfconcept: Modelos de factores de primeira e de ordem superior e sua invariância entre grupos. *Psychological bulletin*, Vol.*97, No. 3*, Pp.562

Marzbali, M. H., Abdullah, A., Ignatius, J., & Tilaki, M. J. M. (2016). Examinar os efeitos da prevenção do crime através do design ambiental (CPTED) no roubo residencial. Revista Internacional de Direito, Crime e Justiça. 46 (1), 86-102.

Marzbali, M. H., Abdullah, A., Razak, N. A., & Tilaki, M. J. M. (2012). Validação da prevenção do crime através da construção de design ambiental através de lista de verificação usando modelagem de equações estruturais. *Revista Internacional de Direito, Crime e Justiça, 40*(2), 82-99.

Nor, A. R. M. (2009). *Statistical Methods in Research*. Petaling Jaya: Pearson Malaysia Sdn. Bhd.

Olajide, S. E., Lizam, M. & Adewole A. A. *(2015)*. Towards *a* Crime - free Housing: CPTED versus CPSD. *Journal of Environment and Earth Science*. 5(18):53-63.

Pallant, J. (2011), *SPSS Survival Manual*. 4th ed. Crow's Nest: McGraw-Hill.

Ross, A., Duckworth, K., Smith, D. J., Wyness, G., & Schoon, I. (2011). Prevention and Reduction: A review of strategies for intervening early to prevent or reduce youth crime and antissocial behaviour. *Centro de Análise das Transições Juvenis, Ministério da Educação.*

Sutton A, Cherney A & White R (2013) *Crime prevention: Principles, perspectives and practices.* Port Melbourne, Victoria: Cambridge University Press.

Sociedade John Howard de Alberta (TJHSA). (1995) Crime Prevention Through Social Development: A Literature Review. Government Funded Research, www.johnhoward.ab.ca/ pub/pdf/C6.pdf, Acedido em 17th julho de 2015

Van Dijk J & de Waard J (1991) A two dimensional typology of crime prevention projects: Com uma bibliografia. *Criminal Justice Abstracts* 23: 483-503.

Waller, I., & Weiler, D. (1985). Crime prevention through social development. *Ottawa: Conselho Canadiano de Desenvolvimento Social*. Ottawa, Ontário, Canadá.

Capítulo 10

DETERMINANTES DO VALOR DOS IMÓVEIS RESIDENCIAIS, COM ESPECIAL
REFERÊNCIA À CRIMINALIDADE EM BAIRROS RESIDENCIAIS

Objetivo: Uma pesquisa superficial na literatura relevante revela que ainda não foi dada a devida atenção ao impacto do RNC no valor dos imóveis residenciais (VPR), apesar do seu efeito letal, especialmente por parte dos profissionais do sector imobiliário que se espera que defendam a causa. O objetivo deste artigo é, portanto, explorar os determinantes críticos do VPR, com especial referência ao RNC.

Conceção/metodologia/abordagem: O estudo utilizou métodos de amostragem estratificados e intencionais para selecionar 1000 inquiridos entre os residentes de habitações no sudoeste da Nigéria, dos quais 467 foram considerados utilizáveis após a triagem dos dados. Os dados recolhidos foram analisados utilizando a modelação de equações estruturais (SEM).

Conclusões: Os resultados mostram que, de entre as hipóteses estabelecidas, a acessibilidade foi a que se revelou estatisticamente mais significativa, seguida da criminalidade no bairro residencial e das características do edifício e do bairro como factores determinantes do valor dos imóveis residenciais.

Implicações práticas: A necessidade de os agentes imobiliários, investigadores e decisores políticos se esforçarem freneticamente para garantir que o RNC seja erradicado ou, pelo menos, controlado ao mínimo nos nossos bairros residenciais, de modo a impulsionar o investimento na habitação, é considerada inegociável.

Originalidade/valor: Este estudo parece ser uma investigação de vanguarda na comparação do RNC com outros determinantes e também na utilização de SEM para analisar os determinantes críticos dos valores dos imóveis residenciais.

Palavras-chave: Acessibilidade; Características do edifício e do bairro; Determinantes; Criminalidade no bairro residencial; Valores imobiliários residenciais; SEM.

Tipo de artigo: Trabalho de investigação

1. INTRODUÇÃO

Existe literatura suficiente para apoiar o facto de que o valor dos imóveis residenciais raramente pode ser discutido sem mencionar alguns factores que servem de determinantes ou atributos (Kauko, 2003; Tech-Hong, 2011; Abidoye & Chan, 2016). Entre estes atributos destacam-se a acessibilidade, as características da vizinhança, os atributos estruturais, a disponibilidade de equipamentos públicos e uma série de outros. No entanto, a criminalidade na vizinhança residencial (crimes contra a propriedade), que se manifesta sob a forma de roubo, incivilidade na rua, furto, vandalismo e, por vezes, crimes violentos, não foi incluída na lista de factores determinantes do valor da propriedade residencial na maioria dos estudos. O presente estudo considera que isto é grosseiramente inadequado, tendo em conta o efeito devastador que os crimes contra a propriedade podem ter na vizinhança residencial, o que normalmente se reflecte no investimento em habitação, bem como no valor da habitação. Isto traduz-se no facto de que um bairro residencial já estigmatizado pela criminalidade de vizinhança pode trazer um rendimento abençoado ao investidor ou promotor. Por conseguinte, é necessário efetuar investigação a este respeito com vista a melhorar a sustentabilidade da habitação, o que se espera que atraia a valorização dos imóveis no bairro.

A propriedade residencial, enquanto forma de propriedade real, representa a classe que proporciona alojamento. Não aloja apenas os vivos, mas também os não vivos (propriedades humanas). A propriedade residencial assume diferentes formas. A habitação pode ser classificada em função da sua conceção - bungalow, duplex, apartamento e similares. Também pode ser classificada por densidade - baixa, média e alta densidade. Além disso, a habitação pode ser classificada em termos de povoamento - habitação rural, suburbana e urbana. A propriedade também pode distinguir a habitação, ou seja, a habitação pública e a habitação privada.

Ao longo dos anos, os investigadores conceberam diferentes métodos para medir os factores determinantes do valor dos imóveis residenciais, mas apenas alguns recorreram à criminalidade nos bairros residenciais (CVR) como um atributo de valor substantivo, apesar das consequências devastadoras da CVR para o investimento na habitação. O melhor que se pode fazer é tratar a segurança como um subconjunto de características da vizinhança que não o deveria ser. Esta foi a principal razão pela qual esta investigação foi conceptualizada. Por outras palavras, o principal objetivo desta investigação é examinar os factores determinantes do valor dos imóveis residenciais, com especial destaque para a criminalidade nos bairros residenciais. Através da literatura, descobriu-se que a acessibilidade, bem como as características do edifício e do bairro (Abidoye & Chan; 2016, Aluko, 2011; Adegoke, 2014; Selim, 2009) constituem os principais determinantes críticos dos valores dos imóveis residenciais. Assim, este estudo decide considerar estes dois factores (acessibilidade e características do edifício e do bairro) juntamente com a criminalidade no bairro residencial. O estudo foi efectuado através de um questionário estruturado, utilizando uma escala de Likert e administrado aos residentes do sudoeste da Nigéria, com o objetivo de analisar as suas opiniões quanto à ordem de relevância das variáveis (acessibilidade, características do edifício e do bairro e criminalidade no bairro residencial).

Assim, em conformidade com o objetivo do estudo, o presente documento é composto por seis secções. A primeira secção trata da introdução geral ao estudo, enquanto a segunda secção apresenta uma revisão da literatura. A secção três descreve a metodologia adoptada para o estudo, enquanto a secção quatro apresenta a análise dos dados e os resultados. A secção cinco discute os resultados da análise e a secção seis conclui o documento, apresentando também as limitações do estudo e a investigação futura.

2. REVISÃO DA LITERATURA

2.1 Natureza da criminalidade nos bairros residenciais

O problema da criminalidade tornou-se uma componente padrão na discussão das questões urbanas e o controlo da criminalidade é agora uma questão de política urbana tão importante como a habitação inadequada e a pobreza (Narroff, Hellman e Skinner, 1980). É essencial e gradualmente manifesto que estes problemas estão interrelacionados. A criminalidade contra a propriedade, especialmente nas residências, é considerada gravemente afetada.

A entrada ilegal no apartamento residencial de outras pessoas com o objetivo de cometer um crime é referida como "roubo residencial" (Moreto 2010; Ratcliffe 2001). As infracções que constituem crime de bairro residencial, para além do furto, incluem incivilidade na rua, graffiti, roubo e crime violento. Para efeitos da presente investigação, o furto em residências é utilizado para designar tanto os crimes de arrombamento como os de furto em residências. O facto de as casas estarem normalmente vazias durante o dia explica a frequência dos crimes de furto. Muitos habitantes urbanos, especialmente a classe de rendimentos elevados, são principalmente vitimados devido à sua aquisição maciça de bens pessoais (valores) e ao facto de um grande número de habitações isoladas com muitos pontos de entrada acessíveis, como portas e janelas (Grabosky 1995).

Os efeitos cumulativos da criminalidade sobre a reconstituição socioeconómica ou a concentração de determinados grupos nos bairros, fazem-se sentir ao longo de décadas. Contudo, a alteração dos níveis de criminalidade é suscetível de induzir respostas mais imediatas a nível individual. O aumento da criminalidade terá um impacto direto na perceção individual da segurança de um bairro. Por sua vez, à medida que as percepções relativas à segurança da sua própria comunidade se deterioram, os residentes urbanos optam frequentemente por sair das comunidades afectadas em busca de um bairro mais seguro (Cullen e Levitt, 1999; Dugan, 1999; Tita *et.al*, 2006). Em primeiro lugar, o crime e o medo do crime levam à fuga da cidade para os subúrbios. Esta fuga deixa no seu rasto áreas de pobreza concentrada e enclaves raciais/étnicos no núcleo urbano (Jargowsky, 1996; Massey e Denton, 1993).

Uma vez que os mercados imobiliários são a arena em que o impacto do crime se manifesta pela primeira vez, estes mercados podem potencialmente servir como indicadores precoces do declínio do bairro. Por conseguinte, uma análise mais completa da forma como a criminalidade afecta os preços da habitação local conduzirá, em última análise, a uma melhor compreensão da questão mais vasta relativa aos pequenos impactos da criminalidade na estabilidade residencial (Schwartz *et. al.*, 2003; Ihlanfeldt e Mayock, 2010).

O aumento da taxa de criminalidade na Nigéria foi noticiado logo nos anos oitenta (Times International, Londres: 4 de novembro de 1985; Fabiyi, 2006). As vidas já não eram seguras; o país caracterizava-se por desafios de insegurança colocados pelos criminosos. De facto, há mais de um século que a Nigéria tem vindo a desenvolver grandes cidades, mas a realidade da insegurança, especialmente provocada por criminosos, é relativamente recente. A onda de crimes e a extensão da violência na Nigéria estão a tornar-se mais frequentes, mais ofensivas e horrendas. Há relatos diários de mais crimes violentos (Fabiyi, 2004; Agbola, 1997). A elevada taxa de pobreza foi também identificada como uma das principais causas do súbito aumento da criminalidade nos bairros. A população em situação de pobreza tem vindo a aumentar de forma constante ao longo do tempo, por exemplo, em 1985, 27,2% dos nigerianos eram considerados pobres; em 1990, a percentagem era de 56%; em 2000, estimava-se que era de cerca de 66% e, em 2014, a Nigéria foi classificada como o terceiro país mais pobre do mundo (Instituto Federal de Estatística da Nigéria, 2014; Banco Mundial, 2014).

2.2 Características/Atributos da habitação

Olajide *et. al.* (2013) definiram os bens imóveis como qualquer propriedade pessoal com um título, que pode ser transmitida e reconduzida à lei, com uma caraterística distintiva de imobilidade, como terrenos e edifícios. Afirmaram ainda que a propriedade residencial é qualquer edifício que seja utilizado principalmente como habitação. O estudo revelou ainda que a propriedade residencial é raramente designada por habitação, o que pode ser expresso em termos de densidade como baixa, média e alta; povoamento como rural, semi-rural e urbano; por design como cortiço, apartamento, bungalow, duplex, mansão e semelhantes. Em termos de valor dos imóveis residenciais, Mackmin (2014) opinou que o mercado residencial é imperfeito, pois considera que não existe um mercado central, pelo que os compradores e vendedores estão relativamente desinformados e mesmo os seus consultores profissionais, avaliadores e agentes, têm apenas um conhecimento limitado do que está disponível para venda e do que está a acontecer no mercado. Acrescentou ainda que cada casa, apartamento, bungalow ou outra unidade de alojamento residencial é única nalgum aspeto. Essencialmente, os estudos mostram que o valor de um imóvel residencial pode ser influenciado por um bom número de factores (ver Quadro 1). O quadro revela que a maioria dos estudos omite a criminalidade imobiliária como fator de influência ou, na melhor das hipóteses, coloca-a no âmbito das características do bairro. Na sequência deste facto e tendo em conta o efeito letal da criminalidade imobiliária sobre o valor dos imóveis, é necessário que os avaliadores realizem estudos adicionais a este respeito.

Um imóvel residencial, enquanto bem heterogéneo, pode ser definido por um vetor de características ou atributos cujo somatório constitui o valor locativo ou de capital. No entanto, investigadores anteriores identificaram algumas características da habitação que têm impacto nos seus preços. No Quadro I, faz-se um esforço para identificar algumas delas. Um exame superficial dos atributos mencionados no quadro 1 mostra que a criminalidade no bairro residencial é misturada com outros atributos ou é ignorada. Será que isto significa que não é um atributo importante do valor dos imóveis residenciais? Este é o principal objetivo do presente estudo.

Quadro 1: Características/atributos da habitação

S/N	Author(s)	Title of Article	List of Attributes	Type of Value
1.	Babawale, & Adewunmi, (2011)	The Impact of Neighbourhood churches on house prices	Quality of building facilities, Accessibility, Neighbourhood quality	Rental Value
2.	Kauko (2003)	Residential property value and locational externalities: on the complimentary and substitutability of approach	Accessibility factors, Neighbourhood factors, Specific negative externalities, Public services, Taxes and Identity factors	Capital Value
3.	McCluskey, Deddis, & Lamount, (2000)	The application of surface generated interpolation models for the prediction of residential values	Date of sale, Age of property, size, Neighourhood quality; building characteristics. Group Cluster	Capital Value
4	Teck-Hong, Tan (2011)	Neighbourhood preferences of house buyers: The case of Klang Valley, Malaysia	Neighbourhood type, Structural Attributes, Locational Attributes	Capital Value
5	Selim (2009)	Determinants of house prices in Turkey: Hedonic regression versus artificial neutral network	Location, type of house, Age of building Building facilities, Other structural characteristics	Capital Value
6.	Megbolugbe (1989)	A hedonic index Model: The housing market in Jos, Nigeria	Structural traits like size, age roof cover and plumbing features of the building, Neighbourhood traits like school, road, water & electricity quality; Locational traits(access to economic, social and political activities)	Rental and capital values
7	Bello and Bello . (2008)	Willingness to pay for better environmental services: evidence from the Nigerian real estate market.	Internal Factors like age, size of plot and building, condition of facilities. External factors like general state of economy, population, employment, immigration, finance, location, infrastructure, transport and neighbourhood	Rental and capital values
8	Tse and Love (2000)	Measuring residential property values in Hong Kong	Structural, Physical, Neighbourhood and Environmental attributes	Capital Value

2.3 Quadro de avaliação da investigação

Em consequência da ferramenta analítica adotada para este estudo (modelação de equações estruturais), a Figura 1 é apresentada para definir o quadro de avaliação da investigação. O quadro descreve as diferentes variáveis aplicáveis que estão a ser consideradas. As variáveis independentes são a acessibilidade (ACB), as características do edifício e da vizinhança (BNC) e a criminalidade na vizinhança residencial (RNC), enquanto a variável dependente é designada por valor dos imóveis residenciais (VPI). O quadro é também apresentado para apresentar graficamente as três (3) hipóteses adotadas para esta investigação. Estas são:

H1: A acessibilidade (ACB) tem um efeito significativo e direto no valor dos imóveis residenciais (RPV).
H2: Existe uma relação significativa entre as características do edifício e da vizinhança (BNC) e o valor dos

imóveis residenciais (RPV).
H3: A criminalidade no bairro residencial (RNC) tem um efeito significativo e direto sobre o valor dos imóveis
residenciais (VPI).

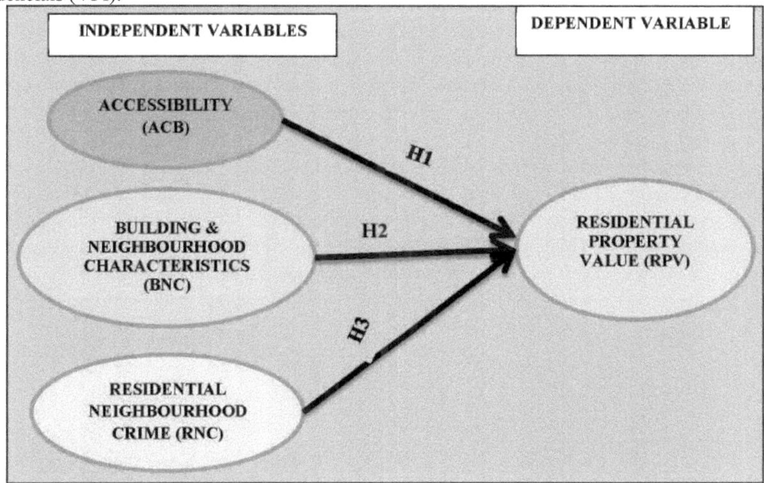

Figura 1: Quadro de avaliação da investigação

3. METODOLOGIA

3.1 Desenvolvimento do questionário

No decurso desta investigação, o instrumento foi medido através de uma escala de Likert. A escala de Likert foi "desenvolvida com o princípio de medir as atitudes pedindo às pessoas que respondam a uma série de afirmações sobre um tópico, em termos da medida em que concordam com elas, e assim explorar as componentes cognitivas e afectivas das atitudes" (Likert, 1932; McLeod, 2008). Esta escala permite a liberdade de opinião e uma relativa facilidade de análise dos dados, partindo do pressuposto de que a força/intensidade da experiência é linear (McLeod, 2008). Lorenzo *et al.* (2008) recomendam uma escala mínima de 4 a 11. No entanto, Dawes (2008) também argumentou que o aumento do número de opções de resposta não tem um efeito significativo na fiabilidade ou validade da escala. Além disso, Johns (2010) afirmou que, quando a escala de resposta é inferior a 5 pontos, a resposta torna-se significativamente imprecisa porque mede apenas a direção em vez da magnitude. Do mesmo modo, segundo ele, as escalas de mais de cinco (5) pontos geralmente dificultam a distinção entre as escalas para os inquiridos. Por conseguinte, este instrumento foi medido numa escala de 1 a 5, de discordo totalmente (1) a concordo totalmente (5). As perguntas relativas a cada um dos constructos foram adaptadas, adoptadas e formuladas através da literatura relacionada, enquanto o teste de fiabilidade foi realizado para medir a consistência interna dos instrumentos de investigação.

3.2 Recolha de dados

Os dados adquiridos através dos questionários para responder às questões de investigação foram resumidos e analisados utilizando o MS Excel 2013, SPSS v22 e AMOS v20. Os comentários dos inquiridos às perguntas abertas do questionário foram igualmente quantificados e utilizados nas análises.

Foi efectuado um estudo-piloto com 75 amostras, das quais 50 foram consideradas utilizáveis. Foi realizada uma análise fatorial exploratória (AFE) para confirmar a estrutura dos factores e a fiabilidade dos itens. Foi utilizada a análise de componentes principais com rotação Promax para aceder à estrutura dos factores.

Foi administrado um total de 1.000 conjuntos de questionários, pela seguinte ordem: Lagos- 400, Ibadan- 300 e Ado- Ekiti- 300, totalizando 1000. O questionário foi distribuído aos residentes (chefes de família) na área de estudo como inquiridos, utilizando uma amostragem intencional (no sentido em que apenas o chefe de família é elegível para responder ao questionário) e uma amostragem aleatória estratificada para selecionar os bairros e a casa em que o questionário seria aplicado. Foi utilizada uma calculadora de tamanho de amostra para estimar o tamanho mínimo de amostra necessário a partir da população de 5762 residentes na área de estudo (Kumar, 1999; Guthrie, 2010).

Esta investigação aplicou a fórmula da dimensão da amostra (Figura 2); com uma população residente de 2488 pessoas na metrópole de Lagos, 1654 em Ibadan e 1620 em Ado-Ekiti nas três cidades consideradas, utilizando um nível de confiança de 95%, um intervalo de confiança de 5% (ou erro padrão), e a dimensão da amostra necessária era de 340 para Lagos, 280 para Ibadan e Ado-Ekiti ou mais. Os questionários recuperados e utilizáveis para a investigação foram 488, dos quais 467 passaram nos testes de seleção.

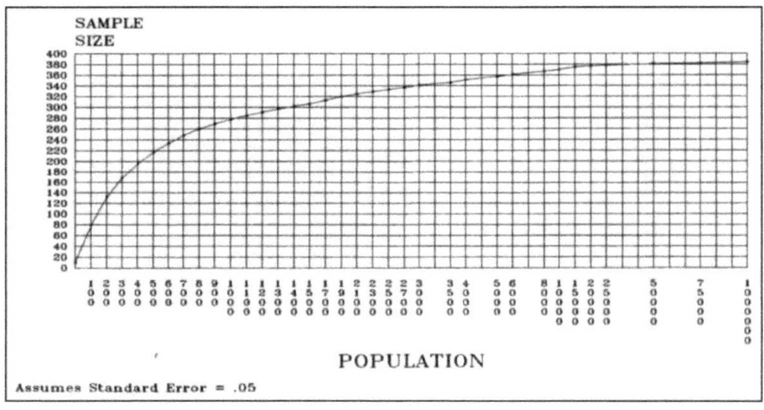

Figura 2: Gráfico da dimensão da amostra (Bartlett, Kotrlik e Higgins, 2001)

4.0 ANÁLISE DOS DADOS

4.1 Análise de fiabilidade

A essência da realização da análise de fiabilidade de cada constructo é avaliar a consistência interna do instrumento de medição através do alfa de Cronbach. A Tabela 2 apresenta o resultado da análise de fiabilidade para a Acessibilidade (ACB), as Características do Edifício e da Vizinhança (BNC), a Criminalidade na Vizinhança Residencial (RNC) e o Valor Patrimonial Residencial (RPV). O alfa de Cronbach para ACB, BNC, RNC e RPV é de 0,819, 0,935, 0,928 e 0,887, respetivamente. Estes valores excedem 0,60, indicando que os itens são fiáveis para medir os respetivos constructos (Pallant, 2011)

Tabela 2: Análise de fiabilidade

Factors/Constructs	Items	Cronbach alpha
Accessibility (ACB)	DPWPV, PTEHV, PCBD, HCLPV and LDRPV	0.819
Building neighbourhood characteristics (BNC)	RNLPV, ABDEV, TQCM, and LAAV	0.935
Residential Neighbourhood crime	FEGCOM, COINT, INSUR, TEGHD, CCTV	0.928
Residential property values	SSNCV, AADPV, BDIV, HAPHV, ABFCV, RMPV, PCDPU	0.887

4.2 Normalidade dos dados

Ao aplicar a modelação de equações estruturais, é necessário que os dados sejam normalmente distribuídos. Por conseguinte, é necessário confirmar a normalidade dos dados (Hair, *et. al.*, 2011). Neste estudo em particular, todos os valores de assimetria e curtose para os quatro (4) constructos são inferiores a +1 e -1, o que indica a normalidade multivariada dos dados distribuídos (Pallant, 2011).

4.3 MODELAÇÃO DE EQUAÇÕES ESTRUTURAIS (SEM) UTILIZANDO A ANÁLISE DE ESTRUTURAS DE MOMENTOS (AMOS)

O SEM-AMOS é um software que engloba técnicas estatísticas tão diversas como a análise de caminhos, a análise fatorial confirmatória, a modelação causal com variáveis latentes, a análise de variância e as regressões lineares múltiplas. O AMOS pode ser acedido de várias formas, mas, para efeitos deste estudo, foi acedido através do licenciamento de uma cópia do Statistical Package for Social Sciences (SPSS), versão 22, destinada a computadores pessoais.

Essencialmente, a SEM é uma extensão do modelo linear geral (GLM) que permite ao investigador testar um conjunto de equações de regressão em simultâneo. A abordagem básica para efetuar uma análise SEM inclui o estabelecimento da teoria relevante, a construção do modelo, a construção do instrumento, a recolha de dados, o teste do modelo, os resultados e a interpretação. O modelo consiste num conjunto de relações entre as variáveis medidas. Estas relações são depois expressas como restrições ao conjunto total de relações possíveis. Os resultados apresentam índices globais de ajuste do modelo, bem como estimativas de parâmetros, erros padrão e estatísticas de teste para cada parâmetro livre no modelo.

A escolha do software SEM-AMOS para este estudo foi considerada desejável em resultado de um certo número de virtudes atractivas de que goza, tais como pressupostos claros e testáveis subjacentes às análises estatísticas, que dão ao investigador um controlo total e potencialmente uma maior compreensão das análises; uma interface gráfica que estimula a criatividade e facilita a depuração rápida do modelo; possibilidade de comparar simultaneamente coeficientes de regressão, média e variâncias; fornecimento de testes globais de ajustamento do modelo e de testes de estimativa de parâmetros individuais em simultâneo; possibilidade de purgar erros através da medição e da análise fatorial confirmatória e a sua qualidade mais atractiva, entre outras.

4.4 Modelo de medição

A utilização da modelação de equações estruturais (SEM) na análise dos dados através do software AMOS 21.0 exigiu uma abordagem em duas etapas que foi empregue como pré-requisito para a utilização da SEM (Awang, 2015). A primeira etapa exigiu a preparação do modelo de medição estimado para efeitos da análise fatorial confirmatória (AFC) com o objetivo principal de verificar o ajuste e a validade do modelo. A qualidade do ajuste está em conformidade com os princípios estabelecidos (ver Quadro 3). Os resultados, tal como apresentados na Figura 2, mostram que as cargas factoriais após a eliminação necessária foram consideradas significativas. Ou seja, não inferior a 0,6 (Hair, *et. al.*, 2011; Awang, 2014); o qui-quadrado/df situou-se em 3,824, o que é inferior ao valor de referência 0f < 5,0 (March e Hocevar, 1985); o GFI é de até 0,9 (Joreskong e Sorbom, 1984). O CFI é de 0,938 (Bentler, 1990). O TLI é de 0,926 (Bentler e Bonett, 1980); o RMSEA (root mean square error of approximation) é de 0,078, o que é inferior ao valor de referência de < 0,080 (Browne, Cudeck e Bollen, 1983). Em resumo, estes resultados satisfazem todos os critérios recomendados para o bom ajuste do modelo (Hair, *et. al.*, 2011; Babin, et. al., 1994; Awang, 2015).

Quadro 3: Índice de adequação e nível de aceitação

Name of Category	Goodness-of-fit indices	Acceptance Level	Comments	Literature support
Absolute fit	Chisq	P > 0.05	Sensitive to sample size greater than 200	Wheaton *et. al* (1977)
Absolute fit	RMSEA	RMSEA < 0.08	Range 0.05 to 1.00 is acceptable	Brownne and Cudeck (1993)
Absolute fit	GFI	GFI > 0.90	GFI = 0.95 Is a good fit	Jorekog and Sorbom (1984)
Incremental fit	AGFI	AGFI > 0.90	AGFI = 0.95 Is a good fit	Tanaka and Huba (1985
Incremental fit	CFI	CFI > 0.90	CFI = 0.95 Is a good fit	Bentler (1990)
Parsimonious fit	Chisq/df	Chisq/df < 5.0	The value should be less than 5.0	Marsh and Hocevar (1985)

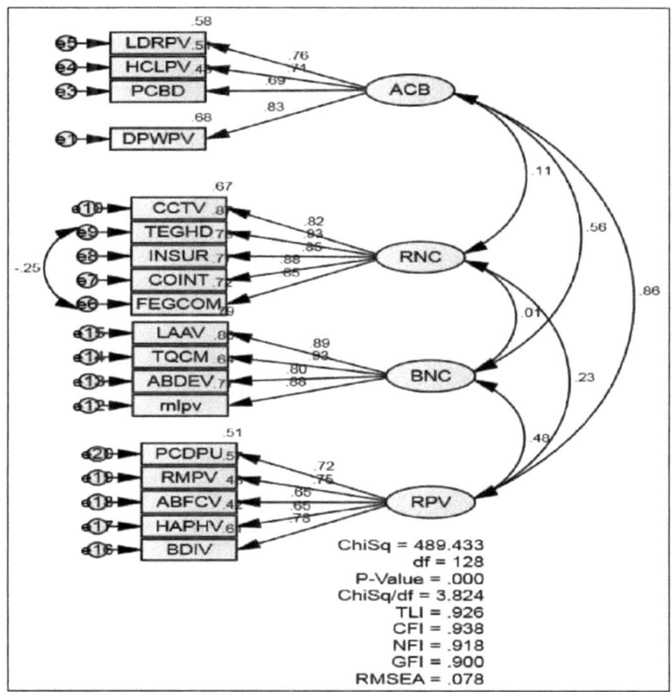

Figura 2: O modelo de medição

Para garantir que o modelo se ajusta corretamente, os dados foram também testados quanto à validade do constructo, o que envolveu a validade discriminante e convergente, bem como a matriz de correlação para todos os constructos da investigação (Hair, *et. al.*, 2011; Awang, 2014).

A validade discriminante é alcançada quando a raiz quadrada da Variância Média Extraída (AVE) é superior à correlação com outros constructos (Hair, *et. al*, 2011). As cargas de todos os indicadores reflexivos são superiores a 0,6 depois de os dados terem sido refinados através de um teste de fiabilidade (alfa de Cronbach) e de uma análise fatorial expositiva (AFE). Os valores da fiabilidade composta para todos os constructos reflexivos são superiores a 0,7 (Hair, *et. al.* 2011; Awang, 2015) e a AVE para cada constructo é superior a 0,50 (Fornell & Larcker, 1981), confirmando a validade convergente, como mostram os Quadros 4 e 5 .

Quadro 4: Resumo da medição Modelo

Construct	Items	Loadings	CR[a]	AVE[b]
ACB	LDRPV	0.81	0.87	0.74
	HCLPV	0.68		
	PCBD	0.76		
	DPWPV	0.81		
RNC	CCTV	0.85	0.94	0.75
	TEGHD	0.88		
	INSUR	0.85		
	COINT	0.93		
	FEGCOM	0.82		
BNC	LAAV	0.91	0.94	0.77
	TQCM	0.90		
	ABDEV	0.81		
	RNLPV	0.88		
RPV	PVDPU	0.76	0.85	0;54
	RMPV	0.78		
	ABFCV	0.63		
	HPHV	0.65		
	BDIV	0.75		

a. Composite Reliability (CR) = (square of the summation of the factor loadings)/ {(square of the summation of the factor loadings) + (square of the summation of the error variances)}.

b Average Variance Extracted (AVE) = (summation of the square of the factor loadings)/ {(summation of the square of the factor loadings) + (summation of the error variances)}

Quadro 5: Matriz de correlação para todos os construtos da investigação

	ACB	BNC	RNC	RPV
ACB	**0.86**			
BNC	0.55	**0.88**		
RNC	0.11	0.02	**0.87**	
RPV	0.86	0.48	0.23	**0.73**

Note: N=467; Numbers in parentheses are standard error; ACB = Accessibility; BNC = Building and Neighbourhood Characteristics; RNC = Residential Neighbourhood Crime; RPV = Residential Property Value

4.5 MODELO ESTRUTURAL

O modelo estrutural foi desenvolvido com o objetivo de testar as hipóteses propostas, tal como apresentado no quadro de avaliação da investigação (diagrama de análise de trajetória) na figura 1. O modelo CFA obtido está perfeitamente ajustado, uma vez que os valores de todas as medidas estimadas GFI, AGFI, CFI, TLI e RMSEA são superiores ao nível limite. A percentagem de variância explicada (R2) para o modelo é de 0,74 (74%), o que indica que o modelo tem um bom poder explicativo (Hair, *et al.*, 2011; Awang, 2014). A Figura 3 apresenta graficamente o modelo estrutural, enquanto os Quadros 6 e 7 mostram o peso da regressão padronizada e a sua significância para todo o caminho do modelo e o resumo das hipóteses testadas nesta investigação, respetivamente.

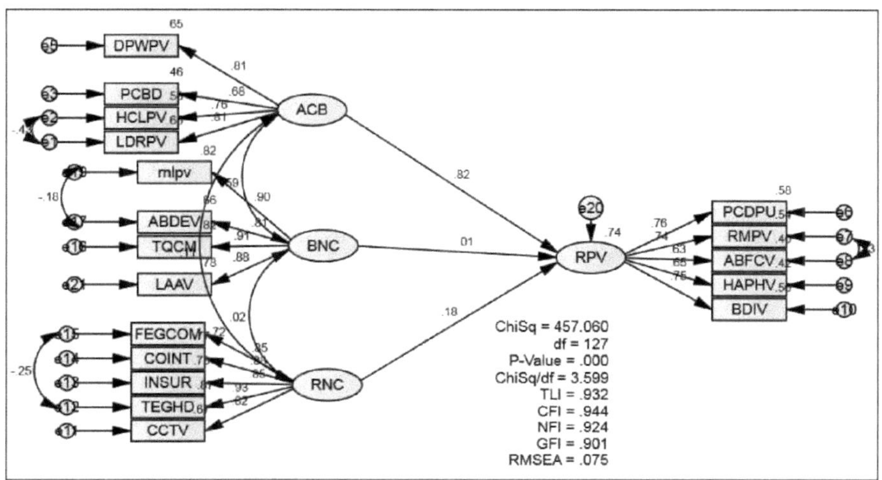

Figura 3: O modelo estrutural

Tabela 6: O peso de regressão padronizado e a sua significância para todo o caminho no modelo.

S/N		The main hypothesis statement in the research	Estimate	P-value	Result
1.	H1	Accessibility (ACB) has a significant and direct effect on residential property values (RPV).	0.82	***	Supported
2.	H2	There is a significant relationship between building and neighbourhood characteristics (BNC) and residential property values (RPV).	0.01	0.766	Not Supported
3.	H3	Residential Neighbourhood crime (RNC) has a significant and direct effect on residential property values (RPV).	0.18	***	Supported

Key: *** represents P-value is less than 0.001

5. DISCUSSÃO.

A revisão exaustiva da literatura facilitou a apresentação do modelo de investigação com hipóteses anteriormente apresentadas no Quadro 7. Os resultados das hipóteses no Quadro 6 descrevem o resultado de cada caminho respeitado no modelo de medição estrutural. Por conseguinte, a hipótese de cada caminho nesta investigação é apresentada em conformidade nos parágrafos seguintes.

Hipótese (H1): *A acessibilidade (ACB) tem um efeito significativo e direto sobre os valores dos imóveis residenciais (RPV).* O resultado mostra que a Acessibilidade (P = 0,82, z = 13,49 e p = 0,000 < 0,001) é fortemente significativa para os valores dos imóveis residenciais. Por conseguinte, a hipótese H1 é apoiada e considerada verdadeira. O resultado da investigação confirma que a acessibilidade é considerada um fator determinante muito importante do valor dos imóveis residenciais. Isto implica que, na perspetiva dos residentes, a acessibilidade ao mercado, ao local de trabalho, ao local de culto e de lazer, entre outros, deve ser considerada como um atributo importante, mesmo desde a fase de conceção, para que a propriedade não só aumente de valor, mas também mantenha a valorização.

Além disso, os resultados desta investigação são coerentes com os resultados empíricos de Jang & Kang (2015); Abidoye & Chan (2016); Oloke, Simon & Adesulu (2013) e Aluko (2011), que defendem que a acessibilidade é um atributo que influencia significativamente o valor dos imóveis residenciais.

Hipótese (H2): *Existe uma relação significativa entre as características do edifício e da vizinhança (BNC) e o valor dos imóveis residenciais (RPV)*. Na mesma linha, os resultados da investigação revelaram que *as características do edifício e do bairro* ($P = 0,01$, $z = 0,30$ e $p = 0,77 > 0,05$) não têm um impacto significativo (estatisticamente) no valor dos imóveis residenciais nos bairros residenciais nigerianos. Por conseguinte, a hipótese é rejeitada e não é apoiada empiricamente por esta investigação.

Isto implica que, para a maioria dos residentes que participaram nesta investigação e que representam a generalidade dos bairros residenciais urbanos nigerianos, as características do edifício e da vizinhança podem não ser necessariamente prioritárias para um inquilino ou residente. Isto pode não estar longe do facto de que, em qualquer economia civilizada, se espera que sejam seguidos requisitos mínimos de construção durante o desenvolvimento residencial, ainda mais porque serve como local de residência e onde são guardados os objectos de valor dos residentes. Outra razão pela qual este atributo de valor pode não ser considerado tão importante é o facto de existirem diferentes modelos e padrões de alojamento residencial, como habitação de baixo rendimento, habitação de rendimento médio e habitação de rendimento elevado. A capacidade financeira do potencial residente determina frequentemente a localização e o tipo de casa a ocupar.

Essencialmente, esta conclusão é consistente com os estudos anteriores de RoyalLePage (2003) e Tse & Love (200), nos quais todos atestam o facto de as características do edifício e da vizinhança não constituírem necessariamente um fator determinante do valor dos imóveis residenciais. No entanto, o resultado desta investigação contrasta com os resultados dos estudos de Aluko (2011) e Ajibola, Awodiran & Salu-Kosoko (2013), entre outros, que concluíram que as características de construção de uma casa têm um impacto direto na determinação do seu valor.

Hipótese (H3): *O crime no bairro residencial (RNC) tem um efeito significativo e direto sobre o valor da propriedade residencial (RPV)*. Conforme apresentado na Tabela 7, o resultado da investigação mostra que a criminalidade no bairro residencial ($P = 0,18$, $Z = 4,93$ e $p = 0,000 < 0,001$) é significativa e tem um efeito direto no valor das propriedades. O resultado desta investigação mostrou um forte apoio à hipótese H3, conforme demonstrado no modelo de medição estrutural final (ver Figura 3). Por conseguinte, os resultados da investigação mostram que a prevalência da criminalidade nos bairros residenciais, sob a forma de assaltos, incivilidades, crimes de rua, roubos e até crimes violentos, tem um forte efeito significativo e direto sobre o valor das propriedades residenciais e, claro, sobre o investimento na habitação. Por conseguinte, a hipótese de investigação acima referida é apoiada.

Em primeiro lugar, a essência desta investigação é testar estatisticamente o impacto dos principais factores determinantes (acessibilidade, características do edifício e da vizinhança, bem como criminalidade na vizinhança) no valor dos imóveis residenciais, com especial referência à criminalidade na vizinhança. Por outras palavras, o estudo destinava-se a avaliar estatisticamente a criminalidade na vizinhança como um fator determinante do valor, juntamente com duas outras variáveis, tal como já foi referido. Existe literatura suficiente que apoia a acessibilidade e as características da vizinhança, mas há uma grande escassez de publicações sobre o impacto da criminalidade na vizinhança como fator determinante do valor da habitação, especialmente por parte dos profissionais do sector imobiliário, daí a necessidade desta investigação.

No que diz respeito às graves consequências da criminalidade no bairro residencial para os residentes, o bairro e as actividades governamentais, a investigação é considerada desejável. Verificou-se que os residentes sofrem de medo psicológico do crime, o que pode levar a problemas de saúde, improdutividade e, muitas vezes, morte súbita (Cohen, 1990). Os residentes também incorrem em custos adicionais de manutenção da habitação no domínio da segurança. Além disso, a criminalidade de vizinhança tem provocado o declínio do ambiente, a estigmatização e a mobilidade residencial negativa, o que pode desencorajar o investimento na habitação, com reflexos directos na prática geral do sector imobiliário. Verificou-se também que a criminalidade nos bairros residenciais afecta as actividades governamentais, reduzindo as receitas públicas provenientes do imposto sobre a propriedade, bem como aumentando o orçamento público para travar a incivilidade nos bairros. Tendo em conta o que precede, torna-se imperativo dar à criminalidade no bairro residencial a atenção que merece.

Em resumo e por implicação, a criminalidade no bairro residencial é considerada uma grande ameaça ao investimento na habitação e à civilidade do bairro. Os resultados desta investigação corroboram os resultados empíricos anteriores de Pope e Pope (2012); Ceccato e Whilhelmsson, (2011); Boggess, *et..al* (2013); Adegoke (2014) e Ihlanfeldt & Mayock (2010), que referiram que a criminalidade na vizinhança residencial (crime contra a propriedade) tem um efeito negativo direto sobre os valores dos imóveis residenciais e, essencialmente, sobre o investimento na habitação.

6. CONCLUSÃO

De acordo com o objetivo e o problema deste estudo, foram feitos esforços no decurso da investigação para provar e analisar empiricamente a relevância da criminalidade no bairro residencial como fator determinante do valor da habitação, entre outros factores determinantes da acessibilidade, bem como das características do edifício e do bairro. O resultado das conclusões apoia a proposição (hipótese) de que a criminalidade no bairro residencial tem um impacto direto e significativo no valor dos imóveis residenciais. Por conseguinte, a hipótese é apoiada e considerada verdadeira.

De acordo com a posição da literatura existente, a criminalidade nos bairros residenciais tem sido descrita como sendo prejudicial para os investimentos em habitação (Gibbons, 2004; Pope e Pope, 2012; Cohen, 1990), uma vez que é capaz de causar mobilidade residencial artificial, estigmatização do bairro residencial e declínio do bairro - tudo no sentido da redução do valor da habitação, seja ela arrendada ou de capital.

É, portanto, do interesse desta investigação fazer uma chamada de atenção aos investigadores, profissionais e decisores políticos, especialmente no sector imobiliário, sobre a necessidade de prestar mais atenção à conceção de técnicas modernas de prevenção da criminalidade em bairros residenciais, sob a forma de investigação e elaboração de políticas. Isto é mais necessário nos países em desenvolvimento como a Nigéria, onde os factores de risco da criminalidade, como a pobreza, o analfabetismo, a delinquência juvenil, a falta de habitação, o desemprego e a má conceção ambiental, são proeminentes. O governo, a vários níveis, é obrigado a implementar programas e políticas para combater estes factores de risco. Além disso, considerando o papel da habitação na economia nacional, é conveniente que todas as partes interessadas considerem este apelo como urgente, tendo em conta a sua relevância para o aumento do valor da habitação, em particular, e da economia em geral. A investigação reconhece, no entanto, o facto de que os factores determinantes do valor dos imóveis residenciais são mais do que três, mas a acessibilidade (ACB) e as características do edifício e da vizinhança (BNC) estão entre os dez principais factores, através da extração de dados. No entanto, esta é uma oportunidade de investigação futura.

A partir da análise e do resultado das conclusões, existe uma correlação entre a criminalidade no bairro residencial e o valor dos imóveis residenciais. No entanto, embora a correlação seja relativamente baixa (23%), o efeito causal (regressão) do RNC sobre o RPV é altamente significativo (inferior a 0,001), o que se traduz no facto de o efeito do RNC (que é maioritariamente negativo) ser fortemente sentido pelo RPV. Daqui se deduz que os investigadores, os urbanistas, os agentes imobiliários e os decisores políticos têm de estar à altura do desafio de garantir que tudo é feito na área da investigação e de criar programas relevantes para assegurar que a criminalidade nos bairros é refreada, reduzida ou evitada, de modo a garantir uma habitação sustentável e a impulsionar o investimento na habitação.

REFERÊNCIAS

Abidoye, R. *B,* and Chan, A. P. (2016), Critical determinants of residential property value: professionals' perspective. *Journal of Facilities Management,* Vol. *14, No.* 3, Pp.283-300.

Adegoke, O. J. (2014), Critical factors determining rental value of residential property in Ibadan metropolis, Nigeria. *Property Management*, Vol.*32, No.* 3, Pp.224-240.

Agbola T. (1997). The Architecture of Fear: Urban Design and Construction Response to Urban Violence in Lagos, Nigeria. Relatório de Investigação, *IFRA*, Nigéria. http://www.openedition.org/6540. Acedido em 15 de novembro, 2014.

Ajibola, M. O., Awodiran, O. O., e Salu-Kosoko, O. (2013), Effects of Infrastructure on Property Values in Unity Estate, Lagos, Nigéria. *Revista Internacional de Economia, Gestão e Ciências Sociais*, Vol.*2, No.5*, Pp.195-201.

Aluko, O. (2011), The effects of location and neighbourhood attributes on housing values in metropolitan Lagos. *Ethiopian Journal of Environmental Studies and Management*, Vol. *4, No. 2*, Pp. 69-82.

Awang, Z. (2015), *SEMMade Simple*. Selangor: MPWS Rich Publication.

Awang, Z. (2014), *A Handbook on Structural Equation Modeling (Manual de modelação de equações estruturais)*. Selangor: MPWS Rich Publication.

Babawale, G. K., and Adewunmi, Y. (2011), The impact of neighbourhood churches on house prices. *Jornal de Desenvolvimento Sustentável*, Vol.4 No.1, Pp246.

Babin, B. J., Darden, W. R., e Griffin, M. (1994), Work and/or fun: measuring hedonic and utilitarian shopping value. *Journal of consumer research*, Vol.20, No.4, Pp.644-656.

Bartlett, J. E., Kotrlik, J. W. e Higgins, C. C. (2001), Organizational Research: Determining Appropriate Sample Size in Survey Research. *Information Technology, Learning and Performance Journal*, Vol.19, No.1, Pp.43-50.

Bello, M. O., e Bello, V. A. (2008), Willingness to pay for better environmental services: evidence from the Nigerian real estate market. *Journal of African Real Estate Research*, Vol. 1, No.1, Pp.19-27.

Bentler, P. M. (1990), Comparative fit indexes in structural models. *Psychological bulletin*, Vol.107, No.2, Pp.238.

Bentler, P. M., e Bonett, D. G. (1980), Significance tests and goodness of fit in the analysis of covariance structures. *Psychological Bulletin*, Vol.88 No.3, Pp.588-606.

Boggess, L. N., Greenbaum, R. T., e Tita, G. E. (2013), Does crime drive housing sales? Evidence from Los Angeles. *Journal of Crime and Justice*, Vol.36, No.3, Pp.299-318.

Browne, M. W., e Cudeck, R. (1993), Alternative ways of assessing model fit. *Sage focus editions*, Vol.154, Pp.136-136.

Ceccato, V., e Wilhelmsson, M. (2011), The impact of crime on apartment prices: Evidence from Stockholm, Sweden. *Geografiska Annaler: Série B, Geografia Humana*, 93(1), 81-103.

Cohen, M. A. (1990). Uma nota sobre o custo do crime para as vítimas. *Estudos Urbanos*, Vol. 27, No.1, Pp.139-146.

Cullen, J. B., e Levitt, S. D. (1999), Crime, urban flight, and the consequences for cities. *Revista de economia e estatística*, Vol.81, No.2, Pp.159-169.

Dawes, J. G. (2008), As características dos dados mudam consoante o número de pontos da escala utilizados? Uma experiência utilizando escalas de 5 pontos, 7 pontos e 10 pontos. *Revista internacional de pesquisa de mercado*, Vol.51, No. 1, Pp.61-77

Dugan, L. (1999), The effect of criminal victimization on a household's moving decision. *Criminology*, Vol.*37, No.4*, Pp. 903-930.

Fabiyi, O. O. (2006). Community building as a response to insecurity; an overview of non- state security initiatives in Ibadan residential neighbourhoods. *Fórum Urbano* 17 (4), 380-397.

Fabiyi, O. (2004). *Gated Neighbourhoods and Privatisation of urban security in Ibadan metropolis* (Vol. 16) . Instituto Francês de Investigação em África.

República Federal da Nigéria (2014). Relatório oficial sobre a economia do Serviço Federal de Estatística.

Gibbons, S. (2004). The Costs of Urban Property Crime*, The Economic Journal, Vol.114 No.499, Pp.F441-F463.

Grabosky P. (1995), *Burglary prevention. Trends & Issues in Crime and Criminal Justice no. 49. Camberra*: Instituto Australiano de Criminologia. http://www.aic.gov.au/documents/3 /5/D/%7B35D86CDD-F1C5-4F1B-BC85-378662CF6930%7Dti49.pdf. Acedido em 15th julho, 2016.

Guthrie, G. (2010), *Basic Research Methods: An Entry to Social Science Research*: SAGE publications: Londres

Hair, J. F., Ringle, C. M. e Sarstedt, M. (2011), PLS-SEM: De facto, uma bala de prata. *The Journal of Marketing Theory and Practice*, Vol.19, No.2, Pp.139-152.

Ihlanfeldt, K., e Mayock, T. (2010), Panel data estimates of the effects of different types of crime on housing prices. *Regional Science and Urban Economics*, Vol.*40 No.2*, Pp.161-172.

Jang, M., and Kang, C. D. (2015), Retail accessibility and proximity effects on housing prices in Seoul, Korea: A retail type and housing submarket approach. *Habitat International*, Vol.*49*, Pp.516-528.

Jargowsky, P. A. (1996), Take the money and run: Economic segregation in US metropolitan areas. *American sociological review*, No. 1056 Vol.95, Pp.984-998.

Johns, R. (2010), Itens e escalas de Likert: Survey Question Bank; Method Fact Sheet 1.

Joreskog, K. G., e Sorbom, D. (1984), LISREL VI: User's guide. Mooresville, IN: Scientific Software. *Guia do utilizador JoreskogLISREL-VI1984*.

Kauko, T. (2003), Residential property value and locational externalities: On the complementarity and substitutability of approaches. *Journal of Property Investment & Finance*, Vol.21 No.3, Pp.250270.

Kumar, R., (1999), *Research Methodology, a Step by Step Guide for Beginners*. SAGE Publishing Ltd. Londres.

Likert, R. (1932), A Technique for the Measurement of Attitudes. *Archives of Psychology*, Vol.140, Pp.155.

Lorenzo, D. E., Schneider, N., Cobb, K. M., Franks, P. J. S., Chhak, K., Miller, A. J., ... e Powell, T. M. (2008), A Oscilação do Giro do Pacífico Norte liga o clima oceânico e as alterações do ecossistema. *Geophysical Research Letters*, Vol.*35, No.* 8. Pp.1-6

Mackmin, D. (2014), Valuation and sale of Residential Property (Avaliação e venda de imóveis residenciais). Estate Gazette Limited. Routledge, EUA. 3ª Edição.

Marsh, H. W., e Hocevar, D. (1985), Application of confirmatory fator analysis to the study of selfconcept: Modelos de factores de primeira e de ordem superior e sua invariância entre grupos. *Psychological bulletin*, Vol.*97, No.3*, Pp.562.

Massey, D. S., e Denton, N. A. (1993), *American apartheid: Segregation and the making of the underclass*. Harvard University Press.

McCluskey, W. J., Deddis, W. G., Lamont, I. G., e Borst, R. A. (2000), The application of surface generated interpolation models for the prediction of residential property values. *Journal ofProperty Investment & Finance*, Vol.18 No.2, Pp.162-176.

McLeod, S. (2008), Qualitative quantitative. *Simply Psychology*. http://www.simplypsychology.org/qualitative-quantitative.html. Acedido em 13th junho, 2016.

Megbolugbe, I. F. (1989), A hedonic index model: the housing market of Jos, Nigeria. *Estudos Urbanos,* Vol.26 No.5, Pp.486-494.

Moreto, W. D. (2010), *Risk Factors of Urban Residential Burglary.* RTM Insights, 4. Série de Resumos de Investigação Dedicados ao Conhecimento Partilhado: Disponível em www.riskterrainmodeling.com. (Acedido em 16th dezembro, 2015.

Naroff, J. L., Hellman, D., e Skinner, D. (1980), Estimates of the impact of crime on property values. *Growth and Change*, Vol. *11, No* 4 Pp. 24-30.

Olajide, S. E. & Bello, I. K.e Alabi, O. T. (2013), Elementos de gestão de património e propriedade Avaliação. Abisam Nig. Ltd, Ado-Ekiti, Lagos, Nigéria. 3ª Edição.

Oloke, C. O., Simon, F. R., e Adesulu, A. F. (2013), Um Exame dos Factores que Afectam os Valores das Propriedades Residenciais no Bairro de Magodo, Estado de Lagos. *Revista Internacional de Economia, Gestão e Ciências Sociais*, Vol.*2 No.* 8 Pp. 639-643.

Pallant, J. (2011), *SPSS Survival Manual*. 4th ed. Crow's Nest: McGraw-Hill.

Pope, D. G., e Pope, J. C. (2012), Crime and property values: Evidence from the 1990s crime drop. *Regional Science and Urban Economics*, Vol.*42 No.* 1 pp.177-188.

Ratcliffe J (2001), Policing urban burglary. Trends & Issues in Crime and Criminal Justice no. 213. http://www.aic.gov.au/publications/current%20series/tandi/201-220/tandi213.aspx. Acedido em 15th julho, 2016.

Royal lePage (2003), *Determining the Value of Your Home*, Royal lePage Real Estate Services Ltd, Ontário, Canadá, disponível em: www.royallepage.ca/selling/sell-overpricing.htm (acedido em 14 de dezembro de 2016).

Schwartz, A. E., Susin, S., e Voicu, I. (2003), Has falling crime driven New York City's real estate boom? *Journal of Housing Research*, Vol. *14* No.1 pp.101-135.

Selim, H. (2009), Determinants of house prices in Turkey: Regressão hedónica versus rede neural artificial. *Expert Systems with Applications*, Vol.36 No.2 pp.2843-2852.

Tanaka, J. S., and Huba, G. J. (1985), A fit index for covariance structure models under arbitrary GLS estimation. *British Journal of Mathematical and Statistical Psychology*, Vol.38 No.2 pp. 197-201.

Teck-Hong, T. (2011), Neighborhood preferences of house buyers: the case of Klang Valley, Malaysia. *International Journal ofHousing Markets and Analysis*, Vol.4 No.1 pp.58-69.

Times International, Londres, 4 de novembro de 1985.

Tita, G. E., Petras, T. L., e Greenbaum, R. T. (2006), Crime and residential choice: a neighborhood level analysis of the impact of crime on housing prices. *Journal of Quantitative Criminology*, Vol.*22 No.*4 pp. 299-317.

Tse, R. Y., e Love, P. E. (2000), Measuring residential property values in Hong Kong. *Property Management,* Vol.18 No.5 pp. 366-374.

Wheaton, B., Muthen, B., Alwin, D. F., e Summers, G. F. (1977), Assessing reliability and stability in panel models. *Sociological methodology*, Vol. *8* No.1 pp. 84-136.

Banco Mundial (2014). Nigéria, terceiro no índice de pobreza mundial. Comunicado oficial do Banco Mundial publicado no *Jornal Vanguard*, abril, 11 http:www.vanguardngr.com/2014/04/440695. Recuperado em 17th janeiro, 2015.

Printed by Books on Demand GmbH, Norderstedt / Germany